沉果文化

人力資源管理實務 04

PAN ASIA
汎亞人力資源關係企業

跨國人資管理

實戰法則

台灣跨國企業文化移植策略

跨國企業的核心競爭力關鍵在**人**，唯有透過「人」與「文化」的移植，
才是成功創造企業獲利的關鍵。

廖勇凱、譚志澄◎著　汎果文化

跨國企業
創造獲利
必備用書

- 國際管理重量級大師　于卓民教授　**強力推薦**
- 中華人力資源管理協會兩岸交流委員會主任委員
  周昌湘　**強力推薦**

獨家贈送 **13** 張跨國企業移植檢核表格光碟滿足企業主管人資管理需求！

提升台商企業跨國經營能力

　　國際化為企業成長必經之道，此對台商企業尤然。相較於歐美的大型企業，台商企業在跨國經營還屬於早期階段，且大多集中於中國大陸地區，能成為全球化的企業更是少數。因此，台商企業跨國經營需要借鑑於國外先進企業的經驗。

　　在初入國際市場時，台商企業首先看重的是生產與行銷，對人力資源管理較不注意。然而，台商企業若要求得持續性的發展，如何有效的來進行國際人力資源管理、如何透過人力資源來打造跨國經營的競爭力就成為重要的工作，本書在這一方面將給予讀者很多的啟發。

　　在本書一開始時，作者就提出一個「跨國企業文化移植過程」的架構，以其來解釋跨國企業複製競爭力的要點，並引用許多國內外跨國企業文化移植的案例來說明自己的觀點，提高了本書的實用性。作者又以循序漸進的步驟，解釋跨國移植文化的程序，將無形的文化移植工作轉變為有形的操作方法，對台商企業提升跨國經營能力有參考的價值。本人認為，許多台商企業在海外

跨國人資管理實戰法則

發展遇到的瓶頸，若能善用這個架構，就能找出問題點和解決的方法。

　　本書兩位作者有類似的經歷：皆在台灣出生，然後到大陸求學與發展事業；兩人的專長都在人力資源管理，在研究所時都踏入國際企業管理領域。本書的部分案例來自於譚志澄先生的碩士論文，在本人指導他的論文撰寫期間，本人體認出他「將自己多年來工作的心得寫出來」的企圖心，因此他克服時間的壓力，堅持到底。由於兩位作者均具有敏銳的觀察力和紮實的理論基礎，本書的可讀性甚高。

　　人力資源管理是跨國企業國際化競爭力的來源之一，本書有理論、有成功和失敗的案例，為一值得閱讀的書籍，本人謹在此慎重推薦。

于卓民 2006.04.10 序於台北木柵
(筆者為國際管理重量級大師)

當前企業最重要的挑戰就是 ── 國際化！

當前企業最重要的挑戰就是 ─ 國際化！

台灣面對市場的劇烈競爭下，企業為了能夠生存發展，必須走出去，接受來自各地的衝擊。任何人都知道最熟悉的是自己生長的地方，到了別人的地盤，絕對沒把握！

個人近年來往返台灣、大陸、馬來西亞、越南、文萊等地，當我在每個地方學習時，感受最大的就是「跨文化溝通」的重要性，尤其台商對大陸的印象充滿著「是似而非」、「偏頗錯誤」的想法。

從一代代在大陸投資的台商表現，我們很欣慰企業漸漸重視「派外訓練」、「文化認知」等專業知識，這一年裡，我們也幫華碩、廣達、愛普生……等，國內外企業辦理派外人員的行前培訓，透過客觀的說明，詳細的第一手資料，台籍幹部學生應該以正確、務實的心態，建立對大陸的完整認識。

企業在一開始都是以生產、業務、技術等核心功能為優先重視

，但是人力資源管理，往往較為忽視，這是比較可惜的。如果企業要長期發展，應該更重視人力資源管理。

本書作者廖勇凱先生與譚志澄先生都是我多年的好友及學生，我們常常在交流跨國人力資源的學習心得，很高興他們出書，特為之序！

周昌湘 2006.04.13 序於台北

(筆者為 中華人力資源管理協會兩岸交流委員會主任委員)

序

　　台灣企業在艱困的環境下打拼，在沒有豐富的資源與國際外交的支援下，竟然能突破萬難，造就台灣經濟奇蹟。這些靠著早期企業家與管理者冒險患難打拼的成果，使得台灣人能在國際上小有知名度。但如今，企業的競爭優勢打造，關鍵不在個人，而是在於企業內部人力資源的組織力與執行力。尤其是當企業進軍海外時，跨國經營的時空障礙與文化差異，阻礙了人力資源內部的連結，使得企業在母國的競爭能力無法延伸至海外，最後導致企業在海外經營時產生種種問題。

　　台灣企業若要更上一層樓，更需要放眼海外進軍國際，才能獲得持續性的發展。但是要延伸企業內部的競爭力，勢必會遇到跨國經營的障礙。有多年國際經營的歐美企業早已關注這些問題，從而找到突破跨國經營障礙的解決之道。反觀台灣的企業，由於處在國際化經營發展的初期，這些問題還未被關注。尤其是在要將人力資源當作是縮減成本的製造企業，過去的成功想法與經驗，在跨國經營時就可能遇上阻礙，這是因為時空、環境變了、員工也變了，致使企業經營成功的假設也要跟著改變。

　　本書兩位筆者都在人力資源管理實務領域工作一段時間，但分別在兩岸的大學裡投身於國際企業管理的研究，探究國際人力

跨國人資管理實戰法則

資源管理的相關議題。兩位在一次機緣巧合的討論中，有了撰寫此書的構想，希望能提供台灣跨國企業一些參考與建議，進而提升企業的國際化能力。

我們提出企業要複製競爭力到海外子公司時，唯一且斧底抽薪的解決之道，就是將文化移植的工作做好，這雖然是一條漫長的道路，但對於跨國企業而言，這也是一條不得不走的道路。

我們都希望台灣的企業能夠在國際的競爭當中更強且更茁壯，但願這本書能給跨國企業一些借鑑，只要我們的書中有一點能促動企業的改善，這本書就有了它的價值，我們也能為這些企業感到高興。

本書能得以順利出版，要感謝汎果文化的大力支持。另外，要感謝作者們的恩師－復旦大學管理學院副院長薛求知教授與政治大學于卓民教授的辛苦栽培。最後，要感謝家人，出書這段的時間，沒有能陪伴你們，為著你們的諒解表達感恩。

本書的架構來自於我們初始的經驗想法，礙於個人知識的有限，書中見解仍有不足，謬誤也在所難免，尚祈各界先進不吝給予指正與寶貴意見。

廖勇凱、譚志澄　2006/04/13　於中國上海

目錄 Contents

3 Chapter 3　第三篇
文化傳輸管理模式

4 Chapter 4　第四篇
跨文化融合

1

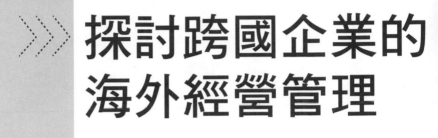

>>> 探討跨國企業的
海外經營管理

1-1

跨國企業投資大陸的經營問題

Chapter 1

企業以營利為目的，追求利潤最大化，為了追求業績成長，跨國企業必須進軍大型新興市場，如中國大陸、印度、印尼、巴西等地。由於擁有數億的消費人口的大型市場正在快速發展，儘管這些市場存在著極高的不確定性及經營企業的困難性，會使外來企業覺得前景不明，但是跨國企業別無選擇，必須揮軍前進，搶佔先機。

■ 中國大陸經濟發展的前瞻性

中國大陸目前有十三億人口，人口居世界的第一位。自1938年以來，中國大陸開始實施計劃性經濟，1980年代鄧小平發表南巡講話，才開始朝向市場經濟發展。目前中國大陸每年以8％以上的經濟成長率發展，未來在穩定發展的前景下，將可能成為全世界最大的經濟體。

在實施計劃性經濟的期間，人力資源的運用與發展絕大部分是由國家經濟管理制度來決定，尤其在1966～1976年期間的文革

時期，更僵化了人力資源運用的彈性。直到了1978年以後逐步實施改革計劃經濟體制，開始經濟改革，致力於由計畫經濟向市場經濟轉變，引入新的管理制度，例如：競爭機制的建立、薪資制度的調整、用人制度的革新以及社會保險制度的建立等。歷經20多年的改革開放，目前中國大陸經濟處在高度集權的計劃控制為主，市場調節機制為輔的模式。

　　企業到海外進行投資，原本就存在許多不確定因素，這些因素會導致海外投資風險的增加，若是企業沒有事前良好的規劃準備，就很容易產生跨國經營的失敗。有位台商朋友告訴筆者：「台商到大陸投資就有如商海沉浮，到現在為止不知有多少的台商沉在這片茫茫的大海當中，我們操作或決策上的一個不小心，就可能葬身大海」。誠然，不論是大型企業或小型企業的台商，在經營上的成功與失敗，多是人為因素，正是「成也在人，敗也在人」。所以若是跨國企業在海外經營時能將人的因素考慮進去，則可以獲致成功的機會也就越高。

■　台資企業跨國經營的優劣勢

　　相較於其他歐美外資企業而言，台資企業的優勢在於生產技術與管理稱得上是世界頂尖一流的，生產的彈性與專業分工，綿

密的相互依存分散了生產的風險，這是台資企業至今還能屹立不搖的主因。然而，台資企業的缺點在於，企業規模較小，缺乏知名公司品牌優勢，成本導向壓榨了人工成本等，這些缺點都顯示在其跨國經營管理的問題上，特別是台資企業比較不重視文化移植與人力資源管理的工作，導致海外子公司缺乏對母公司的認同，行為產生許多不一致的現象，所以企業的問題也容易發生在人力資源方面。

■ 跨國經營問題在人

有家台資公司的總經理在上海設立分公司，委派一位多年好友到大陸子公司擔任總經理，結果業務還沒展開，就虧空公款，導致海外投資失敗。另一家公司派出一位副總經理到北京主持業務，過了一陣子，這位副總給自己住最好，吃最好的，伙食費、住宿費，通通都在北京公司報銷，還私下包二奶，讓二奶在這家公司上班並擔任他的秘書，當母公司發現他的問題時，已經為時已晚，其結果致使公司損失慘重。以上僅列舉一些案例，說明母公司派外人員沒有做好管理時所產生的問題。所謂「上樑不正下樑歪」，台資企業所派出來的幹部若不能以身作則，更別奢望當地員工能做好。

跨國人資管理實戰法則

然而，有時問題不是出在派外人員身上，而是可能發生在當地員工的問題。某家在華東的台資企業，他們的業務部門集體跳槽出走到另一家競爭對手公司，離開時除了拿走許多機密的客戶資料外，還同時帶走許多訂單，導致公司損失慘重。

　　另一家公司在華南地區經營多年，長期並有意識地培養當地的員工來擔任主管，並逐漸換掉台籍主管，包括管理財務與人事的，最後只剩下一位總經理是台籍的，他的下屬全部是當地人，沒想到最後當地主管卻共同串聯，要脅總經理提高他們的薪資福利，後來開始為所欲為，尾大不掉。

■　大陸子公司的管理問題

　　除了人的問題之外，對於海外子公司的控制，也是很令人頭疼的話題。時有耳聞子公司員工抱怨母公司高層主管不能了解大陸當地風俗民情等狀況，就在台灣母公司做出不符合當地情況的重大決策。相對地，母公司也會擔心，授權太多可能使得子公司脫離母公司而形同「獨立」，成為貌合神離的兩家不同事業體，這些問題常常困擾著跨國企業，特別是許多台資企業。

　　也常見台資企業由於經營的重心移往大陸，往往在台灣母公司只剩幾百名員工，在大陸子公司卻有數千人或數萬人；若是其

他國家地區的公司規模較小，則可以說大陸子公司佔據整個跨國企業較多的資源，對母公司的貢獻與產值也較大，此時大陸子公司可能有「功高震主」的情況，若原先的文化移植基礎沒做好，母公司如何對子公司發號司令，一呼百諾呢？

另外一家台資公司管理大陸子公司的模式，由於沒有系統性的考量，又在大陸各地分別設立數家小公司，以期分散風險，但是最終卻因分散過多而管不住，雖然每個月的報表都有呈報，但是隱含在報表下的模糊灰色地帶，又有誰能知道。站在子公司立場，總希望母公司提撥資源預算給子公司，但又不希望母公司管東管西的，所以常藉口推說母公司管理人員不了解當地情況，以期擺脫母公司的控制。有家台資企業母公司的人力資源主管戲稱：「公司從東北到廣東都有廠，每個廠唱每把號，由於母公司人員很難搞清楚每個廠的狀況，現在他們只能儘量做好台籍派外人員的管理，若再不加深母公司人員對大陸情況的了解，恐怕未來連台籍派外人員都管不住。」

■ 以大管小容易，但以小管大困難

由於大陸地大人稠，是台灣的好幾十倍，大陸子公司突然「搞大」是常發生的事。有家台資企業在台灣只是一家數十人規模的貿

跨國人資管理實戰法則

易公司，但來到大陸發展後，開展生產製造產品直接出口，致使工廠人數每年倍增，結果大陸子公司相對於香港、越南與新加坡等地的貿易子公司獨大的局面，這與康師傅或鴻海的情況都屬同一類型。

有些公司為快速擴展中國大陸市場，一開始便大力展開人才本土化，結果管理制度沒搞好，文化移植的工作也沒完成，到後來台籍幹部要多花費數倍的心力與時間來建立制度，即使這樣，後來建立的制度對於之前已經固化深耕的觀念與行為，又可能有多少改善的成效？

再者，由於太多據點需要管理，母公司所派的母公司人力資源主管到處跑，一個月出差下來，每個點待不到幾天，很難深入每個子公司的情況，因為東北、華北、華東與華南的情況各不同，這種「沾醬油」的巡視方式，有如瞎子摸象、霧裡看花，還是很難深入了解。

另一種情況是台灣的業務不斷往大陸移轉，譬如生產製造型的部門移往大陸，台灣母公司人數日漸縮小，又加上大陸業務擴增，員工人數每年呈數倍成長，大陸子公司趨向大型化已經是不可避免的發展趨勢。

以大管小容易，但以小管大困難；以多管少容易，但以少管多困難。既然以小管大，以少管多，將是台商未來遇到問題的常

態，那台灣母公司如何管好大陸子公司呢？這是很值得研究的議題。

■ 高度集權可以解決問題嗎？

為了避免當地子公司發生問題，有些台資企業用高度控制的管理方式，過度集權，凡事都要管，這樣解決了管理好當地子公司的問題嗎？其實，這樣的結果卻又產生另外一些問題，就是因為母公司不了解當地，做出許多錯誤的決策，導致派外人員與當地子公司人員對於母公司的反感。又由於子公司凡事都要層層報告，決策時間拉長，且做出來的決策與當地情況產生落差，致使商機盡失，最後嚐到失去當地市場的敗果。

有家跨國企業對於海外子公司什麼事都管，但又對當地情況不甚了解，導致許多管理決策發生失誤，許多當地幹部覺得失望，以致當地人才大量流失，因為他們無法參與公司任何決策，感覺沒有受到重視。另外，母公司因為不了解當地競爭情況，給當地人才的薪資不符合當地水準，所以也造成子公司因人才的流失，而逐漸失去競爭力。

另外一家跨國企業是絕對的成本控制，母公司對於子公司的成本控制得非常嚴格，凡事都要求由母公司決策，再下達給子公司，

跨國人資管理實戰法則

尤其是財務控制方面。母公司對於子公司在用人方面，員工試用期後轉成正式人員調薪要母公司批示、年終獎金發放幾個月也要母公司批示、人員晉升與加薪也要母公司批示，對於招聘人員的薪資待遇，或是用人的決策，或是年終獎金的發放，都必須要報告母公司，這也限制了子公司總經理與當地管理者的職權。

以上這些問題，都是台資企業在母子公司管理上經常遇到的問題，筆者透過研究所的學習與企業界的實務經驗，提出了一套文化移植的流程，希望能藉由管理機制有效解決這些問題，以使得台資企業在台的競爭力能移植複製到大陸子公司，並能將它管理好。

1-2

跨國企業文化
移植的輪廓

不論是學術界或是企業界，都認同企業競爭力的承載體是人力資源，一家在母國有競爭力且營運好的跨國企業，為何到海外投資反而失敗了呢？若不是業績或市場的因素，那很可能就是人與文化的問題。跨國企業的核心競爭力關鍵在人嗎？根據世界商業論壇機構（Conference Board）對財富排名500強中的117家公司CEO所做的調查發現，唯有透過人與文化的移植，才是成功實現全球經濟成長的重要途徑。

■　文化移植使跨國企業具有一致性

　　跨國企業所遇到的海外經營的重要議題在於：如何使當地子公司與母公司有一套相同的價值取向，並認同母公司的理念文化，認知自己是全公司的一部分，而不是只屬於當地子公司的成員，並能與母公司人員進行無障礙的溝通交流。為達到這樣的目標，許多跨國企業都在戮力進行文化移植方面的努力，希望將母公司的價值觀、企業文化、經營哲學與理念，能貫徹

跨國人資管理實戰法則

台灣跨國企業文化移植策略

24

到子公司每位員工身上，使全球範圍的各子公司能對母公司產生一致的認同，人人能以「身為公司的一份子」為榮。

然而，跨國企業所想要達到的上述目標，並不是馬上就可以完成，而是需要經年累月的營造。許多歐美的大型跨國企業在此已累積多年的基礎，對於企業發展較短暫的台資企業，還有許多需要成長與發展的空間。

■ 跨國企業文化移植的比喻

就像大樹的生長一樣，跨國經營的文化移植也需要一步一步的歲月堆積而成，我們可以將它分成五階段過程，每階段過程需要配合不同的管理措施，若是跳過某個階段，則這棵大樹的成長就會有所欠缺。我們將跨國企業文化移植的五個時期比喻作大樹的成長階段。

1. 基礎期有如土壤：沒有土壤，就沒有文化移植的平台。

2. 裝備期有如種子：沒有種子，就沒有文化移植的載體。

3. 發芽期需要水份：沒有水份，就沒有文化移植的觸角。

4. 深根期需要養份：沒有養份，就沒有文化移植的發展。

5. 茁壯期需要陽光：沒有陽光，就沒有文化移植的養成。

對於急於在海外創造業績的跨國企業的高層經營管理者，首

先重視的是市場業績、產品銷售量與市場占有率等量化指標，對於一些質化指標，或無法在短期間看到效果的文化移植工作，可能較容易忽略，久而久之，公司在海外市場擴張的越大，母公司的高層管理者越感到害怕，擔心一旦不受控制，就像脫疆野馬，過去的努力全部白費。

然而，文化移植也就因為不是一下子可看出效果的，往往做到一半，由於種種因素又停止了。就像在培訓小樹苗一樣，文化移植是一項母公司對子公司長期有計劃的社會化過程，不論子公司的管理者換誰做，企業文化的建設工作都要持續下去。

圖1-1　文化移植的大樹比喻

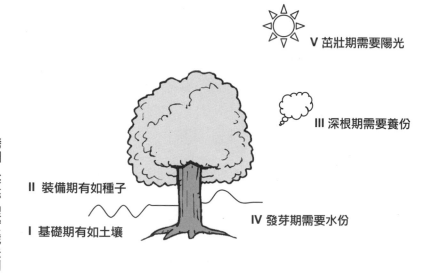

跨國人資管理實戰法則

■ 跨國企業文化移植過程

如何進行跨國企業文化移植，來複製競爭力？我們認為這套流程包含兩個階段，一個是母公司發展階段，另一個是子公司發展階段，分別說明如下（見圖1-2）。

跨國企業要複製競爭力到海外子公司的首要條件，是企業先要有具備文化移植的基礎條件，也就是依據企業策略來建立一套普世通用或經修正後適用於當地的價值體系，根據企業的價值體系來建制人力資源系統，培養一群能推廣企業價值的高層管理者，以及依據價值體系完善公司管理制度。若是沒有這一步驟，企業文化移植的根基與條件就不復存在。例如：統一企業是以食品業起家，食品是給人、給消費者吃的，若是有任何欺瞞顧客的行為，都可能導致嚴重的後果，因此統一以「誠信」作為公司的企業文化之一，那公司就要把人力資源系統、高層管理與管理制度這三項基礎設施建設起來。但是對於另一家以「誠信」作為公司的企業文化的信義房屋，他所強調的是在服務客戶時絕不能欺騙客戶，以維持信譽，對於公司的業務人員，也在管理制度中規定不能有營私舞弊的行為。

當母公司有架構良好的價值體系，並且各項條件齊備時，就可作為跨國企業文化移植到子公司的基礎。透過有效的文化傳輸

管理模式，形式包括輸入、過程與輸出的控制，將企業文化價值理念輸送到子公司的員工的思想上，然而，在母公司文化移植的階段，有可能母公司文化與當地文化會發生衝突與磨擦，這時需要不斷的融合。另一方面，由於當地子公司員工人數的不斷擴增，人才本土化的問題於是浮出檯面。人才本土化的先決條件是母公司文化移植的程度，以及文化融合的狀況，否則貿然進行人才本土化，恐怕無濟於將競爭力的移轉複製。

　　文化移植的最重要目標，是保有跨國企業的一致性，避免各子公司分崩離析，形成零散的組織，並且將母公司的核心競爭力源源不絕的轉移到海外子公司，並藉由當地人才對企業價值的認同，增加對整個公司的向心力，並在其晉升上公司的管理層之後，能繼續認同母公司，為跨國企業的使命而努力。

圖1-2 跨國企業文化移植過程

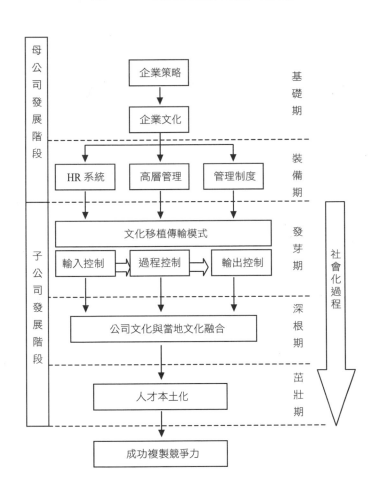

▣ 文化移轉需要有捨有得

　　然而，子公司當地的文化衝突與短期利益的誘惑，也可能是文化移植失敗的原因，因為跨國企業的子公司可能為了保持業績，而做出違反了整個企業文化的行為，若是遇到這種情況，母公司會做出怎樣的處置，將涉及到這是否會攸關跨國企業文化移轉的成功。

　　某家國際知名的跨國企業裁掉在中國北京子公司的CEO與營銷總監，他們被突然解雇是因為為了接到一些大客戶訂單，私下送賄，後來母公司得知後做出解雇的決策，雖然這個決策會使這家企業失去很多訂單而影響整體業績，但由於子公司高層主管違反了母公司決策，與母公司的價值體系有所衝突，因此母公司必須犧牲短期利益而維持企業的價值觀不被挑戰與違背。

　　另一個案例是過度本土化所導致的裁員，某家國際知名的跨國企業將一位表現良好的中國區CEO撤換掉，原因是這位CEO將子公司的產品與營銷政策過度導向本土化，雖然他創造出長紅的業績，但與母公司國際策略有所違背，最後還是下台。

　　在有所得有所失的情況下，一些知名的跨國企業還是寧願犧牲掉短期的利益，來換取長治久安的企業價值體系，正因為如此

跨國人資管理實戰法則

，所以他們在全球性的策略發展，以及整體文化價值體系的營造上，才能保持一致性，否則由於領導者管理行事風格的與母公司差異，可能造成子公司的漸行漸遠，內部管理上也產生矛盾，以及未來失去控制（Out of Control）的風險。

1-3
企業文化移植的檢驗

Chapter 1

跨國企業在海外經營子公司時，未必能有系統的導入文化移植的工作，文化移植是一種循序漸進的過程，每個階段若做不好，就可能在跨國經營上出現某些症狀，這些症狀有時輕微不足以致命，但有些狀況卻可能使得跨國經營產生危機。

根據圖1-2（跨國企業文化移植過程）來分別說明跨國經營時遇到的問題，我們透過檢核表來檢查企業是否存有哪些不足之處，以及可能會遇到的問題。

一、基礎期

當母公司的策略一旦明確，如何讓員工朝向母公司所設定的大目標向前發展，透過企業文化與公司策略的結合，使員工的價值觀與表現行為都朝向母公司策略的大方向。文化移植的基礎期是在檢驗母公司內部是否有一套企業價值體系，作為跨國企業員工行為規範的準繩。

若在這階段的工作未能完善時，企業常發生的狀況如下：

1. 母公司沒有一套策略，沒有發展的大方向遵循。

2. 母公司的策略與企業文化是分離的，甚至相互違背。

3. 母公司內部對於許多在商業行為與管理措施的做法標準不一。

4. 無法與海外員工訴說企業的價值理念為何。

5. 企業價值體系中有許多相互矛盾之處，或是不符合普世的價值。

二、裝備期

在裝備期中，企業的這套企業價值體系要能落實到管理規章制度，規範員工行為符合公司價值體系；其次，建立能使員工遵循企業價值觀的人力資源管理體系，透過甄選、培訓、績效考核等各種手段，讓員工擁有這方面的信念與行為產出；最後，要有一套深刻認同公司價值觀的高層管理團隊，讓他們能夠傳播（言教）並身體力行（身教）公司的價值信念，以影響與引導員工朝向共同努力努力邁進。

1. 員工發覺公司在某些的商業行為與管理措施上，違反企業價值標準，導致員工對企業的使命與理念精神產生疑惑。

2. 找不到符合公司企業價值與理念的人員派駐海外。

3. 派外人員在理念上與公司價值不符。

4. 企業的願景說變就變，換了一位總經理說法就不一樣了。

5. 高層主管所堅持的理念常常發生矛盾，讓下面員工無所適從。

6. 管理制度規章與人力資源管理系統跟企業價值體系相違背。

三、發芽期

　　文化移植的發芽期，就是在基礎期與裝備期，進行控制子公司人力資源管理的工作，這種人力資源管理的控制，就是要確保母公司的文化移植到子公司中，使得子公司也能按照母公司的價值模式來營運，不致有如脫韁野馬。文化移植傳輸模式包括輸入、過程與輸出的三種形式。首先，輸入控制主要以派外人員與當地員工的選任與培訓為主；其次，過程控制主要以行政命令、管理規章制度與報告手段來管理員工在日常的工作要求；最後，在輸出控制方面以績效與薪酬與公開表揚典範行為作為控制手段。若在這階段的工作未能完善時，企業常發生的狀況如下：

1. 在子公司中的派外人員之間的企業價值有所差異。

2. 派外人員在海外子公司做出違反公司價值觀，甚至違法犯紀的事。

3. 派外人員無法將母公司企業價值完整地傳遞給子公司員工，使得子公司內部的人員不了解母公司的使命與理念。

跨國人資管理實戰法則

4. 子公司缺乏一套符合母公司價值體系的管理制度，使得子公司的管理規定脫離了母公司整體的國際策略。

5. 在子公司中未能有計劃與循序漸進的方式來推動母公司價值觀，也未能融合在日常管理中。

6. 子公司員工不清楚母公司的企業文化、經營使命、價值理念，因此，也不對母公司產生認同。

7. 子公司員工不清楚什麼樣的行為是符合整個公司所要的，也不清楚什麼樣的行為是可以被公司獎勵。

8. 子公司員工有違法犯紀的情事發生。

四、深根期

　　文化移植的深根期，可能會容易產生母公司文化與當地文化衝突，或者是執行文化移植的方式要進行修正，這部分是開始朝向成為本土化公司的階段，讓子公司不但能符合母公司國際策略的要求，也能融入當地，成為被當地政府與居民歡迎的企業。若在這階段的工作未能完善時，企業常發生的狀況如下：

1. 公司缺乏一套普世皆準的文化價值理念，導致有些價值與當地文化產生衝突。

2. 母公司的文化的做法無法因地制宜地移轉到當地子公司，造成

文化差異的衝擊。

3. 在當地文化衝擊下，未能及時採取措施，造成子公司對母公司文化產生困惑。

4. 在實施企業價值體系時，有些作法未能適用於當地。

五、茁壯期

文化移植的發芽期是在子公司員工認同母公司價值體系，以及當地員工能力慢慢提升後，開始進行人才本土化的工作，讓當地員工在擔任管理者之後，也能繼續傳遞母公司的價值理念，維持跨國企業的一致性。

若在這階段的工作未能完善時，企業常發生的狀況如下：

1. 子公司當地員工擔任管理者之後，以當地的行為模式運作企業，導致錯誤，使公司蒙受損失。

2. 不知道要提升哪些當地人才擔任管理者，或是提升的當地員工常常做出違反母公司文化價值的行為。

3. 在子公司所提升的管理人員當中，較多數的人並不認同母公司的文化價值理念。

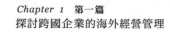

本章思考

▶關於跨國企業的文化移植的體檢

看完本章節後，請檢視自己企業內部文化移植的模式分數是多少，以評估企業在海外跨國經營的情況。

第一步：檢核公司的文化移植

請根據下面檢核表來計算文化移植的分數，以下共有20道題目，若是每道題答「是」的給一分，答「否」的不給分，加總起來計算一下，得到的分數是幾分。

表1-1 跨國企業文化移植檢核表

序	問題	是	否	小計
	文化移植的基礎期			
1	公司有清晰的願景藍圖，企業的長遠目標明確。			
2	公司的價值體系能吻合企業策略的發展。			
3	公司的價值體系運作多年，為每位員工認同並接受，並且在他們的行為中體現。			
4	公司的價值體系具有普世標準。			
	文化移植的裝備期			
1	人力資源管理系統是依據企業價值體系，來進行招募甄選、培訓、績效考核等各項活動。			
2	公司有一群高層管理者能執行企業價值，並能在許多正式與非正式的場合，適時地宣傳公司的理念。			
3	公司的管理制度規章完善，並能規範與導引員工朝向與企業價值相符的行為。			
	文化移植的發芽期			
1	母公司有一套標準的派外人員管理流程與方法，並選出符合企業價值觀與能力要求的員工。			
2	母公司將企業價值體系融入在派外人員的課程中，並要求他們要將企業理念傳遞給子公司。			
3	母公司會定期與不定期的稽核子公司員工，並要求子公司提出改善。			

跨國人資管理實戰法則

序	問題	是	否	小計
	文化移植的發芽期			
4	母公司的企業價值體系融入子公司的管理規章與員工管理制度之中，並要求子公司管理者確實執行。			
5	子公司定期與不定期獎勵那些符合企業價值行為的員工，並能向其他員工宣傳這樣的人物典範。			
	文化移植的深根期			
1	公司有一套普世皆準的文化價值理念，或是能調整文化適合當地。			
2	母公司的文化的能有效的移轉到當地子公司，沒有產生衝突。			
3	在當地文化衝擊下，能及時採取文化移植措施的調整，以適用於當地。			
4	在當地子公司實施企業價值體系時，能適用於當地。			
	文化移植的茁壯期			
1	子公司當地員工擔任管理者之後，能以企業文化的行為模式運作企業。			
2	執行人才本土化策略時，能找到合格的當地人才擔任管理者，不會做出違反母公司文化價值的行為。			
3	子公司管理人員與員工都能認同公司價值觀。			
4	子公司管理人員與員工常常宣導公司文化與價值觀。			

 ## 第二步：評估分數與檢討

　　以上的檢核表在分數加總後，請評估自己公司在文化移植的成果，如有不理想的地方，可以參考本書後面章節的內容，裡面會有更詳細的解說。

序	期間	題數	分數小計	表現	參考章節
1	基礎期	4			第二章　策略性的文化移植
2	裝備期	3			
3	發芽期	5			第三章　文化移植的傳輸模式
4	深根期	4			第四章　跨文化融合
5	茁壯期	4			第五章　人才本土化

2

>>> 策略性文化移植

2-1

Chapter 2

跨國企業的全球文化

談到文化移植，首先從文化的概念談起，企業文化從人類學的文化概念引入到組織管理的研究上。文化包含了一個社會中的知識、信念、藝術、道德觀及其他生活習慣，文化不是一種個體特徵，而是具有相同的教育和生活經驗的許多人所共有的心理編碼。當某個組織成員或是群體在精神氣質方面有了它集體性的特徵，與其他組織成員或群體有明顯的差異時，其就能劃分出來一種特有的文化。文化一旦形成，就不容易改變。另外，文化成員愈多，形成時間愈長，其改變就愈困難，這種形成後的組織文化在一段長時間內保持穩定，不易改變。

■ 企業文化的定義

目前企業管理的專家學者對文化的看法還是相當歧異，企業文化還未能有一致的定義。Tunstall(1985)提出企業文化乃是共有的價值、行為模式、習俗、象徵或標誌、態度及處事規範的混合體，而可與其他組織有所區別。

Barney(1986) 則認為，企業文化是一組價值、信念和象徵的複雜組合，透過此一組合，組織得以界定其業務處理方式。

　　Davis(1985)則認為企業文化乃是組織成員所共有的信念與價值，是為其成員塑造意義及提供行為準則。也有學者提出文化層次的概念，Schein(1985)認為，企業文化的內涵包括了三個層次，由最外顯到內隱分別為：人為飾物、價值觀與基本假設。其中「基本假定」是企業文化的本質，「價值觀」及「人為飾物」乃是企業文化的衍生物，企業文化的力量之所以強大，乃是成員堅持具有相同的假定/觀念並藉由假定/觀念彼此增強，在觀念改變態度，態度改變行為的模式下，透過建立群體成員的觀念，來產生群體一致性的行為。

　　綜合上述學者的觀點，可以得到以下的共識：管理學者認同企業文化具有獨特性，組織信念是為大部份組織成員所共用的。

　　企業文化的源頭是一個創業者將內心的渴望與理念表達出來的一種形式，就像一位音樂家透過音樂來表達自己的想法，創業者將內心的想法表達在組織上，他們有共同的理念語言系統。符合組織的企業文化的員工喜歡留在這樣的企業，形成同性相吸，異性相斥的情況，這樣企業文化就越顯明，不適合企業文化的人才會離開，適合者會留下來。

■ 企業文化影響成員的行為模式

　　文化是某一群體日常生活普遍共用的信念、價值觀與準則，因此，它影響了身處在組織當中的個人行為。文化的形成首先影響某些人價值觀的改變，當人們對於事物的價值判斷發生改變時，就會影響人們對這件事情的態度，從而產生行為，進而影響較大的人群，最後就形成較多數人的文化。例如：當某部分人意識到環境保護的重要時，形成綠色主義的價值觀念，因此，他們對於浪費資源與環境污染的現象就會秉持負面的態度，並且開始要求政府抵制環境污染等危害自然生態的行動，最後他們的行動影響了更多的一群人，這樣的不斷循環，慢慢形成人們共同的文化。

　　文化對於國際管理是相當重要的主題，也是討論議題的核心，因為不同國家和地區，所形成的不同文化，對於全球運營的跨國企業，管理模式雖然相同但在不同國家的經營上確實會產生不同的效果，因而改變了跨國企業原來預期的員工行為與經營績效。

　　企業文化是由創業者的創業理念，形成群體的觀念與態度，進而形成文化，在日積月累當中，形成共同的價值觀，形成集體態度，產生共同行為，這樣的行為在當時的競爭環境中若能產生

成功，又會增強企業文化，就這樣企業文化經過一再增強的循環，最後形成顯而易見的企業文化（如圖2-1所示）。

圖2-1 企業文化的增強模型

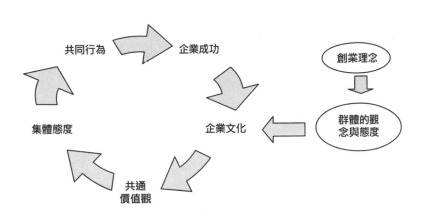

■ 跨國企業文化的形成

我們發覺企業文化的增強，通常與企業成功關鍵之道有關，也就是企業的策略。福特成功之道在於利用科學管理的精神，以3S模式－簡單化、標準化與專業化的基礎上，結合製造輸送帶的生產方式，找出成功之道，在當時就是有名的福特主義（

Fordism），即使到現在，福特員工展現出樸素的行為模式，設計出來的車型不花俏，但卻很實惠，即使創辦人老福特已不在人世，但老福特的精神卻似乎還遺留在福特公司。

相對而言，與福特不同的是，GM的企業文化是求新求變，公司的員工樂於追求改變，從GM生產的多樣化車型就可看出，公司希望員工具有創意的能力，公司在用人方面更希望吸收外界不同想法能力的人，使公司的經營團隊更有多樣性與活力，員工性格比較不受拘束，且追求多采多姿的生活。不像福特的用人策略多是以內部培養為主，員工在工作的環境中比較嚴謹而拘束。

IBM與3M雖然都是強調「創新」的企業文化，但兩者之間仍有所差別。IBM是一種內在封閉的創新文化，公司的內部系統有如一台大型機器，嚴謹的組織架構將所有工作分配的井然有序，員工在這樣的機制下追求創新，公司的人才多以內部培養為主。3M是一種開放型的創新文化，他們重視個體，鼓勵接受外來的新鮮事物的刺激，人才多以外聘的為主，以使企業內部吸收更多外部的新事物。

跨國企業的文化表現形式

在討論文化移植之前，我們必須瞭解哪些全球性企業文化要

素，對打造企業的策略性競爭能力有所貢獻。全球性企業文化的內涵包括：塑造一套整合的價值觀、管理機制、以及流程，確保跨國企業能夠持續的變革，以在競爭激烈的全球市場中生存。創造一個跨國企業的企業文化是母公司的使命與任務。Deal 與 Kennedy(1983)認為，企業文化是由組織環境、價值、英雄人物、典禮儀式，及溝通文化網絡等五個要素所構成，但企業文化的表現形式呈現更多樣化，企業文化的使命陳述了企業的價值、目標與基本經營理念，塑造企業文化的方式包括以下形式出現。

1. 象徵符號與其意義：例如：企業的商標符號。

2. 英雄人物：通常是創辦人或有特色或創造良好績效的管理者。

3. 儀式：公司內舉辦的活動等，例如台塑每年運動會的跑步等。

4. 傳說：歷代管理者傳承下來的故事，包括成功與失敗的案例。

5. 共同經驗：為達成某項目標，公司成員一起努力的過程經歷。

6. 文字標語：企業將精神以文字標語來表達，例如：在公司牆上貼「今日事今日畢」、「追求創新」、「和諧共榮」等。

7. 溝通文化網絡：企業透過什麼模式與網絡傳遞文化。

8. 管理哲學：趨向X理論或Y理論，或是公司管理背後的理念為何。

■ 建立強勢的企業文化

蘋果電腦以創新的文化而聞名，它的商標就是被咬一口的蘋果，公司的座右銘是「與眾不同的思考」（Think Different），它展現出公司的精神－充滿創意的人可以讓世界變得更美好，因此，在公司中大家奉行這樣的行為模式，公司在管理上也相對授權，而且鼓勵員工創新，所以，在人人朝向創新思維發展時，蘋果電腦的創新科技自然而然的就成為大家所公認的。蘋果電腦的優質文化，確實使公司在經營策略的轉形上更具有競爭力。

跨國企業應該建立優質而強勢的企業文化，若跨國企業沒有明確的願景，首先將遇到如何面對海外多個子公司的經營管理，最後甚至會導致經營管理上的問題。某家跨國企業的總經理覺得公司內的員工太過於注重形式，而忽略了實質，於是開始宣傳身體力行的重要性，使他們的員工從官僚的文書作業中走出來，多花點時間溝通，刺激新的創意與想法，在公司主管不斷的宣傳與身體力行下，逐漸成為公司優質的文化。

澳洲集團Bond Corporation Holdings, Inc.曾經風靡一時，一度急於擴張，但忽略了文化的一致性，最後面臨被清算的命運。在1980年代，該集團購併了許多事業部門，包括啤酒廠、報紙、銀行、避暑山莊等，這些事業部門分處在全球各地，有

跨國人資管理實戰法則

些公司傾向成本導向；有些則主張極力擴張，先不管盈虧；有些則不擇手段賺錢。每個事業部都採取不同的模式，集團整體缺乏企業願景，最後由於經理人與員工無法了解企業文化，而分崩離析。

　　大多數的企業全球化開始於策略與組織結構的改變，在此時會伴隨著簡單的跨文化訓練的任務，但當企業的研發、製造、行銷及配送作業都開始全球化時，企業將面臨一個問題，「什麼是整體的企業文化？」而不是單純的組織與策略的改變。發展一個全球性企業文化，是伴隨著企業進入全球化競爭而產生的需求。

　　許多跨國企業在進入當地國建立子公司後，經歷過重視市場行銷與製造的生存期後，文化移植的工作卻跟不上發展的步伐，造成日後分崩離析的局面。子公司的當地員工若未能認同母公司的經營理念，日後當子公司的發展規模越大，矛盾也就越增加。

　　另外，母公司的價值理念隱含著其成功的關鍵因素，人力資源若與這些關鍵因素脫節，就算擁有很強的產品技術，也無法發揮永續經營的動力。

 **百寶箱 2-1** ：公司的企業文化是什麼？

　　針對本章的重點，請透過下表中的項目填入資料，藉以思考公司的企業文化為何。

- 公司名稱：
- 填寫日期：

企業文化（用簡潔通俗易懂的語句，將企業文化精神表達出來）
企業宗旨（公司的願景與最終使命）
員工信念（希望員工所產生的一致性行為是什麼）

序	企業文化表現形式	目前公司情況
1	象徵符號與其意義	
2	英雄人物	
3	儀式	
4	傳說	
5	共同經驗	
6	管理哲學	
7	文字標語	
8	溝通文化網絡	
9	其他	

跨國人資管理實戰法則

台灣跨國企業文化移植策略

2-2

國際人力資源
策略發展路徑

自從1990年以來，全球的商業環境不斷的在產生變化，不論是創新的資訊科技與網路技術，還是數位化的通訊技術，改變了許多產業的傳統經營模式。各種不同的資訊同時被世界各地的消費者接收，這使得全球的消費趨勢朝向一致性，企業經營無國界的市場環境出現，全球化成為企業所無法阻擋的洪流，跨國經營成為企業所無法避免的一項重要課題。

全球化給企業所帶來的挑戰，使得企業經營面臨了更複雜的經營環境及變動更快速的競爭環境，同時面臨著全球資源整合及地方回應的雙重壓力，特別是如何經營核心競爭優勢，不受跨國經營的國家文化因素干擾，更是跨國企業面臨前所未有的課題。

■ 全球驅力與當地驅力的選擇

在國際經營環境中，有兩個驅力促使國際人力資源策略的形成，即為全球驅力（Global Forces）與當地驅力（Local Forces）。

全球驅力意指全球整合與單位間連結的需要，全球驅力的壓力在於國際客戶的重要性增加，多國競爭對手的出現，及對新技術的投資強度；當地驅力則為達到在當地環境下，不同子公司的營運效率，所需要的反應與差異化，地方回應的壓力，在於不同的客戶需求，及日益增多拒絕使用標準化、同質化與全球性產品的顧客，及地主國政府對投資當地的要求。

　　此兩種驅力對於跨國企業在多國家運營的情況下，如何在營運之間達成均衡是一種兩難的局面，不可能跨國企業的每一個子公司皆採取相同的策略，Dowling（1989）根據一項調查認為不同子公司所採取的國際人力資源策略有所不同，他發現在他所調查的半數以上的跨國企業都採用此種方法。

　　跨國企業在進入其他地區或國家之後，通常一開始會先採用全球整合的策略，對於跨國企業地理分散所進行的活動給予集中式的管理，在人力資源運作上，初期透過母國人員的派遣，將母公司的一套制度照搬到子公司中，或者是集中訓練各分公司的未來管理人才。然而，人力資源管理上會面臨到許多複雜的問題，通過母公司派遣派外人員到當地提供技術支援或協助子公司當地運營是剛開始的做法。接著由於成本考量，以及當地政府的限制，派外人員不可能過多。因此，如何運用當地的人力資源成為跨國企業要面臨的本土化議題。

跨國人資管理實戰法則

對於在跨國企業處於神經中樞的國際策略而言，就是要如何解決母公司對待子公司的問題，國際人力資源策略的提出，不論是朝向全球整合與當地回應，勢必牽引跨國企業內部的人力資源策略，這樣的選擇之下，對於相關的管理功能，如：企業文化、生涯管理、人員任用、社會化與管理型態、績效評估、溝通協調與員工管理，也會相應而有所不同。

另外一個重要議題的論述就是國際人力資源策略如何選擇，也就是哪些因素影響國際人力資源策略的選擇，這必須從策略性國際人力資源管理的動態性來思考，許多的跨國經營環境因素會改變國際人力資源策略的選擇，例如：國際化進程的階段，在進入期與成長期的初期階段，母公司會採取中央集權的模式，也就是朝向全球整合，以母國中心導向來經營；當國際化進程進入到擴張期時，母公司就必須逐步授權，朝向當地回應，以當地國導向為考量；在最後發展上，當國際化進程進入到整合期時，以「全球智慧，當地行動」，能夠兼顧全球整合與當地回應的需求也就因應而生。

■ 回應兩大趨力的策略研究

從資源基礎論而言，人力資源是知識的載體，在國際經營的

廣大目標中，我們認為在全球營運的目標下，國際人才的人力資源是不足的（否則就不會有許多派外人員的問題），因為每當有組織剩餘時，就因不斷展開海外子公司或新事業經營而發生不足的現象；另外，國際人才的培育是永無止境的，在人力資源的品質與數量上需要不斷加強，以擴充國際的人力資本。因此，我們可以得知，跨國企業在海外經營時所面臨的國際人力資源問題，始終存在著稀缺性問題。

跨國企業子公司的策略性國際人力資源管理被要求「整合」、「連結」與「一致性」，以便於稀缺性資源的善加運用，提升組織運作效能，加強跨國子公司海外經營的競爭力。這種「一致性」的取向就是國際人力資源策略的選擇，這些選擇受到環境因素的影響，在「遵從母制」與「當地回應」之間尋求平衡，作為獲取海外經營最大效益的手段。基於以上的邏輯推演，我們假設國際人力資源策略可以作為子公司所面臨的當地國環境與經營績效之間的中間變數，並作為策略性國際人力資源管理的模型建構與進行實證研究。

根據國際人力資源策略類型研究，以上海地區120份有效樣本作研究，分成「遵從母制」與「當地回應」的兩項構面，透過「k平均數法」的集群分析（Cluster Analysis），經統計結果並重新命名，分別為放任無為、地區自治、母公司操控與收放兼顧

等四種人力資源策略類型（表2-1）。

表2-1 國際人力資源策略類型群聚分析

	集群				F檢定	自由度
	放任無為人力資源策略	地區自治人力資源策略	母公司操控人力資源策略	收放兼顧人力資源策略		
集群中心點						
遵從母制	2.21	2.57	3.36	4.26	64.530***	3,116
當地回應	1.96	3.83	2.92	3.96	67.953***	3,116
集群個數	4	27	61	28		

■ 國際人力資源策略優化發展路徑

　　跨國企業的國際人力資源管理難度遠高於母國的人力資源管理。一方面是由於海外子公司的實際距離與文化距離都較遠，且對當地投資法令不熟悉，造成經營過程難以掌控；另一方面，母公司在對子公司的人力資源管理需要同時具有全球效率，又能因地制宜，實在是一種較高難度的挑戰。

　　跨國企業在子公司的國際人力資源策略主要是遵從母制與當地回應程度兩個維度所構成，不論是高度遵從母制與當地回應程度都可獲致經營績效，對於處於兩者都低度的放任無為人力資源策略，是一種暫時性的策略，在未來跨國經營動態發展的過程中

，應該建立一條發展路徑，朝向其他人力資源策略，國際人力資源策略優化發展路徑可分成三條（圖2-1），第一條是朝向母公司操控人力資源策略，然後再朝向收放兼顧人力資源策略。第二條是朝向地區自治人力資源策略，再朝向收放兼顧人力資源策略。第三條則是直接朝向收放兼顧人力資源策略。以上三條路徑都可提高國際經營的競爭力，獲致良好經營績效。

2-1 跨國企業放任無為人力資源策略優化發展路徑

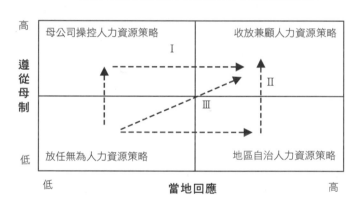

跨國企業在不同階段，會選擇不同類型的人力資源策略。例如剛開始可能以母公司操控人力資源策略為主，但在當地子公司漸漸成熟後，就朝向收放兼顧的人力資源策略。

跨國人資管理實戰法則

 **百寶箱 2-2**：跨國企業國際人力資源策略優化發展路徑

檢驗貴公司目前的國際人力資源策略的位置，並找出未來發展的方向。

第一步：目前公司國際人力資源策略的位置

根據貴公司人力資源管理的情況，標明現在貴公司所處在的位置。

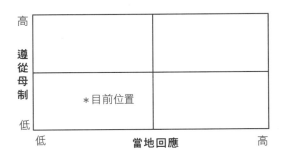

第二步：朝向收放兼顧的人力資源策略

收放兼顧的人力資源策略是比較好的一種作法，但是以目前貴公司所處的位置，可能有一段差距，要達到未來較佳的位置，需要一段時間努力。因此，貴公司在目前與未來理想的位置之間，找出應該如何調整遵從母制與當地回應的兩項變數，以朝向收放兼顧的人力資源策略。

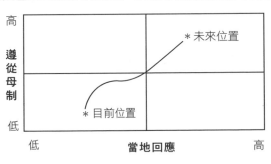

2-3

Chapter 2

建立具有普世價值
的企業文化

當跨國企業進駐到海外子公司，倘若沒有一套母公司的管理制
度與企業文化導入海外子公司，則子公司可能會獨立自主產生出
一套制度與文化，使母子公司雙方在文化上格格不入。有許多跨
國企業在母公司制度與文化尚不健全時，便開始進行國際化進程
，使得子公司在後來經營理念上與母公司漸行漸遠，因此，當跨
國企業在多方面進入海外子公司時，必須先將母公司的制度與企
業文化的工程先建立，然後再大軍揮進國際舞臺，這樣的模式較
值得可取。

■ 營造全球的企業文化

任何一個企業開始都是誕生在本國本地，隨著業務和規模的
發展，延伸到全球，只有融合世界各地的本地化特徵，才能形成
全球文化。因此，塑造全球化的企業，歸根結底，關鍵是營造全
球化的企業文化，在這種文化的氛圍裡，塑造來自本地的全球化
經理。

跨國人資管理實戰法則

台灣跨國企業文化移植策略

58

全球化是當前跨國企業在追求持續成長的前提下，無可迴避的課題，而本土化則是在確保有效執行全球化策略的一個重要因素。在這樣的課題背後，除了技術、資金移轉或流通的顯性因素外，跨國企業面臨的是一個更複雜而且隱晦的跨文化管理議題。

　　跨國企業所代表的企業文化通常帶有母公司的國家文化，而在複製或移植到海外子公司，必須面臨文化調適或同化的過程。因此，跨國企業要能有效執行全球化策略，必須建構一套全球員工行為標準，一致的全球性企業文化，海外公司員工在相同的行為準則，價值觀之下，有效與母公司溝通，才能準確執行母公司的全球化策略，並確保全球化策略在海外子公司當地成功地導入。

　　企業文化是企業競爭優勢重要來源之一，也是競爭對手難以模仿的競爭優勢，從企業文化鮮明的案例，如沃爾瑪、IBM、HP，都可以看到強烈的企業文化如何影響的一家跨國企業創造競爭優勢，並且能長期的維持。企業文化是企業競爭優勢的來源，而企業文化又都是以人的集體形式呈現。因此，如果要有一套完整的人力資源體系，將是建構企業文化較好的模式。

　　因此，不論從跨國企業全球策略，或是成功的本土化政策的觀點，有效的傳輸母公司文化到海外子公司員工，都是一個核心的焦點。唯有能在海外子公司有效複製母公司文化，才能將母公

司的競爭優勢延續到海外市場。所以，企業文化植入越成功的跨國企業，其經營績效就愈符合母公司的要求，也就使得企業在跨國經營的績效愈好。

■ 普世價值不產生文化差異的衝突

各地的文化皆有差異，這增加了跨國企業整合管理上的難度。舉例說明，假如有一家法國的跨國企業要將母公司法語模式的ERP（企業資源管理系統）讓所有子公司套用，這需要子公司的當地員工重新學習法語，也會造成與當地供應商之間的系統無法整合的困擾。有些台資企業到了中國大陸經營多年，子公司要求全部員工使用繁體版的文書軟體，不夠本土化的作法只會招致當地員工反感。

在我們所看不到的文化價值觀上是更容易出現許多無形的融合問題。例如，某家跨國企業強調的是英雄式的個人主義與競爭文化，卻在某一些強調群體主義的當地國設立子公司，若母公司進行完全的文化移植，那母子公司的文化衝突是可能發生的。

將母公司文化進行完全的移植會與當地文化產生矛盾，既然如此，文化移植除了要將母公司的經營理念完整地移植到海外子公司之外，又要達到如何能與當地文化融合而不產生衝突。若是

跨國人資管理實戰法則

母公司事事都管，硬要子公司完完全全照母公司的文化營運，則可能使子公司失去彈性，也無法被當地員工認同。要解決此問題，我們認為母公司可以建立一套普世價值的企業文化，這使得母公司與子公司在文化移植上不產生矛盾，母公司又能抓住大原則，進行重點管理，子公司也能當地因應，授權當地管理者進行文化上的調適，使文化移植獲得有效的融合。

■ 建立以人為本的全球文化

　　所有的組織都需要正式的組織結構賴以運作，而一旦這樣的組織結構不是實體的時候，他們就必須要在相同的共用願景、價值觀、行為規範之下運作，這就是強烈的企業文化，像IBM、惠普、沃爾瑪等跨國企業有著鮮明的企業文化，而它們以價值觀為核心的企業文化，是建構企業競爭優勢的來源，它具有引導，凝聚、激勵和規範協調功能，能最大化的激發人的潛能，使人們在一種先進的強勢文化氛圍中工作，大大地提高工作的績效，使得企業取得最好的效益。

　　沃爾瑪的企業文化是其成功關鍵因素之一，它體現了創辦人山姆華頓的三條基本理念：尊重他人、服務客戶和追求卓越，這些原則是具有普世價值，有助於跨國經營時將此文化移植到海外

子公司。

　　IBM是一家創設已超過百年歷史的藍色巨人，雖然經歷無數風雨，但公司一直在資訊產業獨樹一幟，其實在創始人沃森開始就有了一種邏輯的理念並不是所有崇尚人性價值的企業都能持續成功，但持續成功的必定是那些弘揚人性創造力與個人價值的企業。

　　惠普公司企業文化最大的特點是「尊重個人價值」，HP有一些獨特的做法，而這些做法都是為了建立一個體諒每個個人、尊重個人並承認個人成就的傳統的待人信念，從而使全體員工有一個良好的環境，使他們把工作做好。

　　以上跨國企業他們的企業文化都提到「尊重個人價值」、「服務客戶」與「追求卓越」，這些企業文化理念都符合普世價值，具有普世價值的企業文化在傳輸到海外子公司的過程中，不大幅修正母公司企業文化。因此，對將要前往海外設立據點的跨國企業，首要任務就是在母公司的企業母公司建立具有普世價值的企業文化，以減少與當地國文化的摩擦，爭取當地員工理解認同，並順利進行文化移植的工作。

跨國人資管理實戰法則

2-4

文化移植的基本條件

文化移植是複製企業競爭力的關鍵，跨國企業要能成功的進行
文化移植，需要具備三個基本的條件，包括完善的HR系統與管
理制度、以及穩定的高層人員，分別說明如下：

■ 完善的人力資源管理體系

企業文化的散播與建構必須仰賴完善的人力資源管理體系，
而人力資源管理功能的設計必須以企業理念與文化為核心。因此
人力資源管理的所有活動都在培育或鼓勵企業的核心價值，並與
企業願景相連結。

傳立（Mindshare）是WPP集團旗下的下屬公司之一，該
公司在中國地區的人員招聘時，運用職能模型（Competency
Model）來檢驗應徵者是否符合企業的文化特質，或是在企業發
展的潛力，並透過職能測評的手段，來找出具有企業文化特質的
員工，以強化企業的競爭優勢。歐尚（Groupe Auchan）是法國
一家跨國型零售大賣場，它在經營中首次將「自選、廉價、服

務」三者融為一體，由此，歐尚成為世界超市經營先驅者之一。他們在中國發展迅速，他們對於店長的選拔是非常重視的，透過評鑑中心（Assessment Center）來選拔出具有潛力與符合企業文化的店長儲備人才，而不只是看中他們目前的績效是否良好而已。

美國本田汽車公司採用品質提高策略，以優質的產品創造其競爭優勢。然而，高品質產品的製造有賴於員工穩定與可靠的行為，加上建立家庭式文化與授權員工參與，塑造員工行為和觀念，以確保企業產品品質的穩定與一致性。在本田的培訓工作執行的相當落實，公司有完善的培訓體系，包括正式與非正式的訓練，並盡量讓員工參與公司決策，接納員工意見，以作為公司全員改善品質的有效政策措施。

■ 穩定的高層人員

過去台商在海外發展的模式，常因各種原因使得人才不願前往或不願長期任職海外子公司，使得跨國企業在海外經營團隊的素質或任期上，企業方面有較大的妥協。而在這樣模式下的外派人員，常有過客心態影響企業文化的傳承。因此，高層的高度流動對於企業的跨國經營來說，是非常不利的。然而，穩定的高層

跨國人資管理實戰法則

經營團隊及優秀的外派經理人是企業文化傳輸的重要關鍵,所以,我們建議在挑選高層經營團隊及外派經理人時必須謹慎為之。

企業審慎研究並提出外派經理人的資格條件,主要是能有效傳輸母公司企業文化,外派經理人必須是績效表現優異,而且行為能符合企業核心價值。高層經營團隊的任期以三至五年為佳,才能塑造出較完整的企業文化,要做到這樣的選派標準,企業必須有較完整及長期間的人才培育與發展計畫,否則是無法調任最優秀的人員進入海外市場,最後影響企業競爭優勢的建立。

在子公司的部份,我們也發現有些台籍主管兩年任期的制度與高度的流動率,讓下面的員工有了因循苟且的藉口。他們認為:「反正上面的主管經常換人,對於上面主管的命令聽聽就好,所以產生員工執行力不佳的現象。」因此,若是公司高層人員流動穩定,且團結一心,有共同的企業文化,相信這樣的情況,是會不容易發生的,在公司的管理上會比較上軌道。

■ 標準業務作業流程及商業行為政策

標準業務作業流程及商業行為政策是跨國企業執行其全球策略重要的工具,尤其是服務業,他們以此來做為提供客戶或消費者全球一致的產品及服務的品質。標準業務作業流程及商業行為

政策也是海外子公司與企業母公司溝通策略的平臺，透過這樣的平臺，企業母公司或區域間的子公司才能緊密合作，在這樣的標準架構下組織成員能熟悉公司的行事標準及決策依據，進而仿效實踐，從而塑造企業文化。

　　台商在進入海外市場之前必須嚴格審視與修定與競爭優勢相關的核心標準業務作業流程及商業行為準則，以提煉最佳實務模式導入中國海外市場。但是要注意的是，中國是一個變化快速的市場，以台灣母公司提煉的作業準則在海外植入過程，必須與母公司密切互動，以適應當地回應的需求。

　　協助跨國企業在當地子公司進行完善管理制度的規劃時，我們會事先建議將母公司的管理制度建立完善，來做為移植到海外的依據，並能在修改後，適應在當地運行。若是母公司本身沒有一套完整的標準管理制度，也很難完善地幫助跨國企業進行制度移植的基礎工作，無法進行「遵從母制」這件任務。畢竟，完全的當地回應，恐怕會產生母子公司制度不相連結與企業文化不相容的問題。

百寶箱 2-3：檢視企業跨國經營的關鍵因素

第一步：關鍵因素評分

序	以下跨國經營關鍵因素評分	非常同意	同意	尚可	不同意	非常不同意
一	**高層管理**					
1	高層管理的流動率很低。	☐	☐	☐	☐	☐
2	公司的高層主管都具有企業文化的涵養。	☐	☐	☐	☐	☐
3	高層主管與公司領導者有良好的溝通方式。	☐	☐	☐	☐	☐
4	公司有足夠且合格的派外人員隨時備用。	☐	☐	☐	☐	☐
二	**管理制度**					
1	公司有一套適合產業的標準作業流程。	☐	☐	☐	☐	☐
2	公司的標準作業流程都已經書面化。	☐	☐	☐	☐	☐
3	公司的員工都熟悉管理制度，且願意執行。	☐	☐	☐	☐	☐
4	公司的管理制度能夠移植到海外子公司，且能適時修改。	☐	☐	☐	☐	☐
三	**完善的人力資源管理系統**					
1	公司的人力資源管理制度完善。	☐	☐	☐	☐	☐
2	每年公司都有修改管理制度規章，公佈後認真執行。	☐	☐	☐	☐	☐
3	公司的人力資源管理制度能移植作為海外子公司制度設計的依據。	☐	☐	☐	☐	☐
4	公司制度良好的派外人員管理制度。	☐	☐	☐	☐	☐

🔲 第二步：分數統計

非常同意請勾5，同意請勾3，尚可請勾0，不同意請勾-3，非常不同意請勾-5。請將各題的分數累加起來，看看貴公司或部門的分數是多少分。

一、高層管理

分數：__×5 + __×3 + __×0 + __×(-3) + __×(-5) = ____（分數）

二、管理制度

分數：__×5 + __×3 + __×0 + __×(-3) + __×(-5) = ____（分數）

三、HR系統

分數：__×5 + __×3 + __×0 + __×(-3) + __×(-5) = ____（分數）

🔲 第三步：總結

若某項關鍵因素分數低於15分，則要檢討問題原因。若某項關鍵因素分數低於10分，則需要趕快尋求改進。

2-5

以企業文化為根本的人力資源管理體系

企業文化已成為現在跨國企業競爭優勢的核心之一。1990年代末期，優異的大型企業得以在快速變遷的經營環境及全球化浪潮中持續成長。實證的研究顯示，具有鮮明的企業文化及良好的人力資源管理是重要因素之一，例如，IBM、HP、迪士尼等，都是具有傳統且清楚的企業文化，並能有效在全球複製，長期投資在企業的人力資源，來獲取長期發展的競爭優勢。

■ 人力資源的持續競爭優勢

　　要能保持持續的競爭優勢，在策略競爭上根據資源基礎觀點，Barney(1991)指出「具有稀少性、有價值、難以模仿與替代的資源，導致可持續競爭優勢。」在這樣觀念下回應了人力資源管理大師David Ulrich提出的「相對於複雜的社會系統（如人力資源系統而言），技術、自然資源和經濟規模創造的價值，是較容易取得與複製。」(Ulrich and Lake, 1990)。

　　因此，策略學者Pfeffer, Hamel及Prahalad不約而同的指出

：「人力資源可能是一個比較好的核心競爭能耐，可以創造持續的競爭優勢」(Pfeffer, 1994)；「核心競爭能耐通常是以人為載體的技能」(Hamel and Prahalad, 1994)。在全球市場競爭下取得優勢，其核心本質都指向國際人力資源管理，以建立可維持的競爭優勢。換言之，跨國企業如何建立其全球經理人有相同的企業文化，以產生文化綜效的全球競爭力，將是跨國企業在競爭激烈的全球市場勝出的關鍵。

一般而言，企業文化是一套影響員工行為表現的行為規範、標準與價值觀，例如，客戶服務、管理風格、關心品質，或創新。行為標準與價值會影響員工在組織中如何完成工作，企業的價值觀必須從員工的行為表現出來，這樣企業文化的塑造、傳遞，及內化為員工行為，都必須透過企業管理的過程或工具進行(Albert, 1985)，特別是人力資源管理，包括：招聘、培訓、績效考核、薪資與職涯發展等各功能。

跨國人資管理實戰法則

圖2-2　文化觀點下的人力資源管理

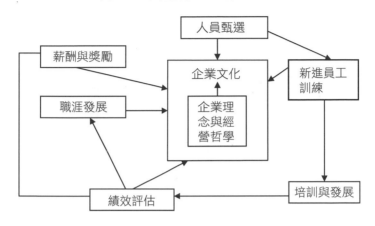

資料來源：Michael Albert, "Cultural Development Through Human Resource Systems Integration," Training & Development Journal, September 1985, p.77）

■ 人力資源管理體系

　　企業文化分別透過人力資源管理體系的甄選、新進員工輔導、訓練與發展、績效評估、職涯發展，和薪酬與獎勵等功能，進行塑造與傳遞。

(1)甄選

　　甄選階段是第一步塑造企業文化的好機會。公司可以從應徵人

員的學歷、背景、工作經驗，及面試時詢問其對顧客服務、關心品質、創新等企業價值，以確定是否符合公司期待。並且在不同的面試階段，不同的面試人員一再提示相關的企業價值問題，將使應徵人員有深刻印象：這家企業重視什麼？如何在這家企業有績效的工作？建立能夠挑選符合企業價值觀的員工甄選機制，從一開始就有效管理員工的理念，使員工在最短的時間內符合公司的企業文化。

(2) 新進員工輔導

新進員工輔導，除了一般的公司歷史簡介、主要成就、及成長目標外，可以更積極的將其視為溝通及塑造新進員工具有企業期待的文化、行為表現，及公司深信不疑的價值信仰。

(3) 訓練及發展

大部分的企業並沒有將管理訓練發展與企業文化價值理念整合在一起，因此，使得企業的使命宣言或企業文化，都僅止於紙上談兵，在日常的管理活動中，並未真正落實。建構一個整合企業價值理念與管理發展的管理訓練，將可提供主管在日常管理活動中，可以實踐企業理念，並漸漸的形成企業文化。

(4) 績效評估

　　績效評估包含了兩個部分，一是績效評估程序，另一部分是主管–部屬回饋系統，都必須與企業文化有密切關聯。從人員發展的角度來看，這樣的績效評估系統將可以清楚地讓主管及部屬知道，在他們的行為表現上，是否符合企業的期待與要求。並透過不斷的改善，將使員工行為接近企業價值理念。

(5) 職涯發展

　　當所有主管都知道培育部屬的價值，並有能力去執行時，就可以實現部屬的職涯發展方案。所有的管理職都要求此項能力時，企業的管理文化就會形成。各級主管輪調時，除了熟悉新部門的文化外，共有的管理文化已經具備，這樣的規劃有助於橫向輪調的職涯發展。

(6) 薪酬與獎勵

　　薪酬及獎勵制度的設計必需著眼於強化企業文化，激勵員工的行為表現，符合公司的期待。

■ 母公司派外經理人的角色

對母公司而言，派外經理人在海外子公司扮演一個很重要的控制或協調的角色。根據Plerlmutter的說法，跨國企業海外子公司人員任用政策受到以下四種子公司型態而不同：分別是母國中心主義、區域中心主義、多元中心主義，及全球中心主義。母國中心主義的企業對子公司透過科層組織及決策程序擁有強勢的控制權，也就是中央集權，而區域中心或多元中心主義則授權子公司享有較高程度的決策權，而這樣的子公司通常係由當地員工出任公司高層管理者，因此這些公司在導入人力資源制度時，會與當地其他公司相仿。

全球中心主義的企業似乎是較理想的模式，這樣的企業要整合區域的子公司，並塑造全球一致的企業文化，以便導入全球管理策略。對於海外子公司與母公司文化如何維持一致性的問題，派外人員在此問題上扮演了重要的角色。他承擔了母公司的委託，到海外子公司中宣傳企業母公司的經營理念、政策方針、企業文化、企業價值觀等工作，使得子公司的當地員工認同與內化成為自己的理念，以產生出母公司期望的行為表現，因而使得公司達到一致性目標。另外，對於子公司當地員工而言，他們也想瞭解自己公司是什麼樣的企業，透過派外人員的傳遞，使得母公司

跨國人資管理實戰法則

企業文化能夠移植到海外子公司。

　另外，派外經理人有兩項控制因素：直接控制與間接控制。直接控制來自於決策的權力，例如甄選或晉升當地員工，間接控制則透過傳輸企業願景、價值、態度、工作要求等方式，派外經理人扮演著文化傳承的角色。

　派外經理人的文化傳輸，實際透過每日工作教導，督導當地員工績效符合母公司要求，或者自身示範，以供員工學習等方式進行。

百寶箱 2-4：以文化為基準的人力資源管理體系

　　根據貴公司的情況，將自己公司目前的情況填寫在以下的表格中，並進行檢討與改善。

公司名稱：			
企業文化			
企業宗旨			

序	人力資源管理體系	目前公司的作法	檢討：符不符合企業文化
1	甄選		
2	新進員工輔導		
3	訓練及發展		
4	績效評估		
5	職涯發展		
6	薪酬與獎勵		

未來改進措施：

跨國人資管理實戰法則

▶ 關於跨國企業的企業文化的問題

1. 貴公司的企業文化是什麼？

2. 貴公司的企業文化有符合普世價值的原則嗎？有那些企業文化與子公司
   當地文化衝突？

3. 貴公司的國際人力資源策略為何？未來會朝向那種國際人力資源策略類
   型發展？

4. 企業內部的管理制度可做為文化移植的基礎嗎？

5. 企業內部的人力資源系統可做為文化移植的基礎嗎？

6. 企業內部的派外人員可做為文化移植的基礎嗎？

3

>>> 文化傳輸管理
模式

3-1

從委託代理理論解釋海外人員的問題

Chapter 3

「委託代理理論」是從「交易成本理論」延伸而來，主要是解釋公司治理問題－公司所有權者（如董事長）與管理者（如 CEO或總經理）的妥託代理問題，並試圖提出解決方案。當公司所有權者將決策權力或對資源控制權委託給另一方時，代理關係就產生了。

■ 公司治理的委託代理

代理理論假設代理人本質上是自私的，而且是風險規避者，這就必然會出現委託人和代理人目標不一致或彼此利益不同，代理人會做出以增加委託人的風險為代價來降低自身風險的決策。代理理論還假定資訊在組織中的分佈是不對稱的，也就是說代理人較之委託人掌握更多資訊，並且委託人很難瞭解有關代理人行為或決策資訊。這樣代理問題就產生了。委託代理問題源於資訊的不對稱。這個資訊是廣義概念上的資訊，既包括委託人所無法觀測到的行為，又包括委託人較難以掌握的有關代理人的私人資

跨國人資管理實戰法則

訊。

　　在這樣的假設下，代理人會做出有損委託人利益的情況，將公司的資源中飽私囊，以滿足自己的私慾，或者是擴大自己的職權，以及建立自己的嫡系人馬。因此，公司治理主要討論應該建立什麼樣的機制，來將專業經理人的代理成本與風險降至最低。

■ 派外人員的委託代理問題

　　派外人員就像是代理母公司在當地子公司行使管理權，母公司有如委託方，派外人員有如代理方，倘若派外人員是自私的，且又由於派外人員在當地子公司掌握更多的訊息，母公司還必須透過派外人員來提供訊息，這就符合了委託代理理論，派外人員就有可能犧牲公司的利益，來增加自己的利益。

　　由於海外子公司與母公司的文化、語言和政治法律環境的極大的差異性，以及母公司與海外子公司之間的實際與心理距離，這些因素都增加了母公司對海外子公司決策的不確定性，產生資訊不對稱的情況，這使得派外人員有機會隱瞞實情，將對自己不利的訊息隱瞞起來，這會使得母公司人員得到片段的訊息，而得不到子公司當地真實的面貌。

　　從這個角度思考，跨國經營的代理問題主要有兩種層次可以

探討：首先，是母公司與派外人員之間的委託代理問題，派外人員接受母公司的派遣任務，遠赴海外，變成一位母公司「看不見」的員工，委託代理問題可能產生；其次，假設經過培訓、社會化、績效考核的方式，使派外人員降低自己的私心，以公司利益為考量，並透過薪資管理與激勵方式使他與母公司之間的利益趨於一致；最後，他對公司的文化認同度，以及對企業的忠誠度，成為決定他是否能成為派外的原因之一，在公司較為資深的高級主管，由於長時間與公司共同成長，對公司具有比較高度的忠誠度與情感，派外發生道德風險的問題可能性較低。

　　若是跨國企業在管理制度上沒有規範，或者是沒有對派外人員謹慎的挑選，則就可能發生派外人員道德風險的問題。

■ 台商派外人員道德風險的案例

　　早期許多台資企業發生派外人員中飽私囊，損公司利益的問題，都是因為忽略了派外人員委託代理的道德風險問題。某家公司在多年前看好大陸市場，找了一位自己的高中同學(且不是公司內部的人員)擔任大陸子公司總經理，且無其他台籍幹部一同赴任，母公司在當時已建立一套管理控制的制度。之後子公司經營了三個月，但是派外的總經理卻沒交過一張財務報表，在多

次催促之下，最終只給了一張簡陋的報表。由於許多帳務、金錢的去向下落不明，一年多的投資又不見回報，最後母公司宣告進軍大陸失敗，撤銷大陸子公司。

　　另外有些企業派「二軍」、「三軍」的人才到大陸子公司，這些派外人員沒經過有系統的甄選程序，素質不算好，後來這些人在子公司的許多財務上交代不清，例如：大陸總經理租賃的別墅每月由公司支付高額的費用報銷，有些台幹浮報交際費用，或者暗中收取回扣。甚至有些台幹開始包二奶，在二奶的要求下，這些台幹找了他們的親戚朋友到公司來上班，這些皇親國戚對公司不但沒有什麼貢獻，還造成一些優秀的人才離職，造成公司的嚴重損失。母公司知道了這些狀況後，在台灣另外私下培養一群人，逐步撤換這些腐敗的台幹，但對公司已造成的損失，早就不可挽回。

　　還有太多台商派外失敗的案例，我們必須思考的是：在派外前的嚴謹度，就決定了派外後的成敗。不過目前一些企業已經開始更加重視派外問題，派外人員從公司內部優秀人員選拔，並且行為能符合公司企業文化的要求，已使得派外獲致良好的成功。

■ 本地人才的委託代理問題

　　人才本土化依然要注意委託代理的問題，若在母公司管理子公司的體制沒有建立、沒有長期的向子公司員工進行企業文化上的宣導、沒有用心挑選符合企業文化的人員擔任管理者時，母公司對子公司的資訊不對稱問題依然存在，子公司人員的道德風險問題仍然嚴重，此時貿然進行人才本土化，只會增加當地人員道德風險發生的機率。

　　但在長期經營下，母公司對其社會化工作、監督機制和激勵機制都已經相當的完善，道德風險發生的機率相對較小，人才本土化策略的成功機會較大。如果在子公司成立之初即任用當地國本土人員擔任主要主管時，由於各方面的績效考核、監督獎勵機制無法迅速建立，並且這些制度的修正與完善也需時日，因此這個時期就是代理問題及道德風險問題最突出的時期。

　　許多企業進到大陸來，一方面是為了求生存，二方面是為了與大陸快速經濟成長的速度競賽。又由於先以生產與業務為優先，管理制度與文化移植的工作一直未受重視。有一家跨國企業在一進大陸時，就展開人才本土化，將業績衝高，然而，人的問題始終存在，因此，重新回頭將當地子公司的管理制度規章完善，但花費的力氣卻比一開始要來的大且費時。

■　文化移植降低子公司人員的道德風險

　　母公司傾向於在海外設立子公司初期，在子公司高階主管的任用方面採用外派的方式，以延伸母公司對子公司的監督能力。

　　這不單是為了降低委託代理的風險，而是從根本上避免委託代理風險的發生。在這個時期，母公司派外人員的任務除了在當地國建立生產或經營管道開展業務外，另一個重要的任務就是在子公司通過人員培訓或架構複製等各種方式適當地引入母公司的文化傳統，組織結構以及組織發展所需的其他各項軟部件，其中一個極為重要的部分就是子公司的人員監督機制和激勵機制。這些機制的建立不可能完全從母公司複製，而需建立在派外人員對當地的各項人事政策和人事管理慣例甚至風俗習慣深入瞭解的基礎上。這種深入瞭解是派外人員在任職前的跨文化培訓所無法提供的，是需要派外人員在當地國的親身體驗才能得到的，也只有這樣，所制定的機制才有可能是確實有效的。

　　隨著海外子公司的發展，扮演委託者的母公司逐漸透過派外人員完成了許多報告制度與控制程序，當地人才也已經培訓，海外子公司的發展就進入人才本土化階段。這時新的委託代理問題（母公司與當地員工）也就產生了，但是由於有效的監督和激勵機制已經建立，道德風險發生的概率在這些機制的作用下就可以得到一定程度的控制。

百寶箱 3-1 ：委託代理風險評估

第一步：回答問題

針對以下問題，請以母公司的角度來檢視子公司的派外人員與本土幹部，是否已進行企業文化的傳輸。若分數差者，則委託代理風險係數較高；若分數高差者，則委託代理風險係數相對較低。

問　　題	非常符合	符合	普通	符合	非常不符合
1.派外人員的挑選都是經過審慎考量的。	☐	☐	☐	☐	☐
2.派外人員都是符合企業文化的要求的。	☐	☐	☐	☐	☐
3.公司會將企業文化融入在派外人員的培訓上。	☐	☐	☐	☐	☐
4.當地員工的挑選是以企業文化為主要考慮。	☐	☐	☐	☐	☐
5.公司認為當地幹部的甄選是很重要的一件事。	☐	☐	☐	☐	☐
6.公司會以符合企業文化作為甄選幹部標準的依據。	☐	☐	☐	☐	☐
7.公司對於海外子公司管理的經營有一套財務控制流程。	☐	☐	☐	☐	☐
8.公司對於海外子公司有一套資訊管理系統。	☐	☐	☐	☐	☐
9.公司在當地建立良好的管理制度。	☐	☐	☐	☐	☐
10.子公司的人員能依據當地管理制度來運作。	☐	☐	☐	☐	☐

第二步：計分

依據以上問題的回答，若為非常符合給5分，符合給3分，普通給0分，符合給-3分，非常符合給-5分。請將各題的分數累加起來，看看貴公司總分數是多少。

總分數：＿＿×5 ＋＿＿×3 ＋＿＿×0 ＋＿＿×（-3）＋＿＿×（-5）＝＿＿

跨國人資管理實戰法則

第三步：檢驗自己內部情況

　　若總分數高於30分，表示貴公司的委託代理風險係數小，對於子公司經營管控良好；若在0到29分之間，則表示貴公司的委託代理風險係數中，要評估子公司內部的管理需要改進的地方；若低於0分者，則表示貴公司的委託代理風險係數高，要全面檢討子公司內部的經營管控的問題。

3-2

Chapter 3

以人力資源作為
跨國經營的控制機制

母公司與子公司的代理問題，也就是海外經營的不完備性（海
外經營問題的全面預防是有困難的）需要如何解決，這必須有
一套控制機制措施，雖然這樣的控制機制是全面性的，不限定
在人力資源的功能（當然還包括財務、生產、資訊等功能面的
控制），然而，一般企業在財務、生產與資訊等功能是比較完
善的，這樣的控制也是容易建立的，但人力資源管理卻需要長
時間，要循序漸進的下工夫，這部分卻又是常被企業所忽略的
，為了要使文化移植產生約束力，人力資源管理的各項功能控
制機制尤其重要。

　　當跨國企業轉變為網路結構型態時，為維持原有的控制機
能，跨國企業母公司必須更依賴非正式的控制機制，例如：個
人關係與企業文化。這些非正式的關係中必須具有許多「人為
」的因素，這意謂著非正式的控制機能需倚靠人力資源管理的
實踐才能完成，網路式結構的跨國企業必須掌握人力資源管理
在控制與協調過程中所處的關鍵作用，才能維持原來控制的目

跨國人資管理實戰法則

標。

　　跨國企業的網路關係是透過人的接觸來建立與維持的，母公司的外派人員必須是具有能力且值得信任的人士，對於已經建立的各種子公司之間的關係是否能有效管理；另外，人員調動也是管理過程重要的一部分，特別是在控制方面。因此，用人決策是至關重要的。

　　在實務上，企業文化代表著企業的行事風格與價值認同。在人員招聘及人才甄選與培育的過程中，如果具有相同價值觀的人員，通常會有較好的團隊融合與工作績效（Hamilton, Talylor and Kashlak，1996）。跨國企業的母公司文化可能與子公司本土文化有較大的差異，因此如何挑選符合企業文化的員工，應該是影響企業文化植入效果的要素之一。

■ 以人力資源作為全球經營的優勢

　　國際人力資源管理的功能主要為解決在多國環境與多樣文化的員工當中，組織的人力資源如何有效的獲取、安置與運用的問題？這必須倚靠控制機制，如此，跨國企業才能在如此複雜的環境與多樣文化的員工當中進行有效的管理。另外，還涉及到國際企業管理的核心問題－子公司的管理，子公司若不通過人員的控

制會是一種什麼樣的情況？子公司成立初期在沒有當地資源的基礎上，完全的人才本土化會使子公司如脫韁野馬；或在企業文化上與母公司格格不入；或者因為失去了母公司競爭優勢傳遞的載體，使得子公司無法繼承母公司既有的獨佔優勢，而失去跨國經營的動因與佔有海外市場的機會。控制的最終目的還是在於跨國企業國際策略的成功，而國際人力資源管理是跨國企業不可或缺的控制手段。

國際人力資源屬於重要的策略性資源，在每個國際人力資源管理的環節上，都可以作為控制機制的工具手段。跨國企業透過人力資源在國際間的流動、安置、培訓與激勵，來達到跨國企業控制子公司的目的，以及確保其核心競爭能力在子公司展現，發揮全球經營的優勢。

有些台灣企業在大陸子公司的規模與員工人數常常比母公司大得多，本來子公司的人力資源管理主管是本地人，常會使得人力資源管理的控制無法完善。近年來，子公司的人力資源主管開始演變為由母公司外派的趨勢。為何原來本土化的職位，又會由母公司的派外人員來取代呢？

首先，由於當地人流動率高，使得人力資源主管的職務人員常常流動，造成人力資源管理制度一直無法長時間的延續，導致管理制度無法上軌道。第二，當地人員無法與母公司有很好的連

結，也未能傳遞母公司的文化理念，只是一些人事行政事務的處理，造成母公司的文化移植工作產生斷層。

■ 建立有如腦神經系統的控制機制

在全球化的進程中，越來越多的企業被要求走出國門，跨越國界開展業務，這就是子公司的產生。子公司作為一個相對獨立的運營單位，其人才的本土化管理已逐漸擺上了各跨國企業的策略日程。如何對子公司進行管理，如何確定子公司的人才發展，這些都取決於如何看待母公司和子公司的關係。

國際人力資源管理體系有如身體的機能，各功能雖是分工，但彼此連結，相互影響。國際人力資源策略有如大腦發號的司令，它的選擇會使子公司各部功能產生一致性，控制機制(Control Mechanism)是為產生這樣的一致性的一套良好機制。

早期跨國企業比較關注正式化的行政控制機制，隨著跨國企業跨國經營的複雜與動態與日俱增，在國際策略上必須兼顧全球整合與當地回應，逐漸採用非正式化的控制機制，來彌補正式化控制機制的不足。當跨國企業在海外設立子公司時，交易與代理成本隨即產生，母公司會加增對子公司的正式化且較為直接的控

制，諸如：結構、行政制度、報告系統與預算等。隨著企業組織漸由層層節制型態轉而成為網路式結構，組織效能更講求靈活性，此時會漸漸減弱正式控制的功能，由於對原有傳統正式組織形式的控制產生威脅，跨國企業的控制機制必需有所轉變與調整，才能維持原有的控制機能。

■ 網路結構組織更依賴非正式控制機制

跨國企業在跨越國界營運從事生產分配的同時，所運用的當地國的人力資源，必須遵守當地國政府的規定，回應當地的需求來維護當地國國家主權；另一方面，面對全球競爭的時代，由於區域經濟一體化、消費者偏好逐漸相容、資本市場全球化、關稅障礙減少等因素，全球逐漸成為單一市場，跨國企業進行全球資源整合才見效率。因此，在此兩種策略－「全球整合」與「當地回應」的需求下，跨國企業必須同時兼顧此兩項需求，找出適合的策略位置，企業內部網路的協調需求便開始增加。

策略性國際人力資源管理具有一致性的特徵，在跨國企業的控制機制即為在組織內整合不同單位之間所採用的行政工具，獲取個人行動與組織利益相聯合，以達成組織的最終目標。在跨國企業的跨國經營環境而言，由於地理距離與文化差異的緣故，增

跨國人資管理實戰法則

加海外子公司管理上的困難,因此,跨國企業運用控制機制,減少海外子公司異質行為,並遵循組織政策與目標,來完成組織的目標使命。

母公司控制子公司的方式,要不是經由規則與制度的運用,規定了子公司允許與不允許的行為,或者是明確規定高層管理者的權限,集中權力在母公司,來限制子公司的核決權限。然而,這都並非長久之計,最好的方式就是以文化移植的方式,透過共用價值觀與文化,達成管理的目的。因此,母公司透過建立企業文化,使得子公司成員具有共同價值觀、行為規範與目標,來達成控制的目的。

■ 人力資源為文化控制的基礎

根據Selmer and Leon(2002)的說法,通常母公司的企業文化,反應典型的母公司的國家文化(Parent National Culture),因此服務於海外子公司的地主國員工,會經歷母公司文化適應或文化同化過程。Rhinesmith(1991)指出,在企業內發展全球性企業文化,包括以下要件:塑造一套整合的價值觀、管理機制及流程,確保企業能夠持續的變革,以在競爭激烈的全球市場中生存。

一般跨國企業初期建立文化控制需花費較大的資源與較長的時間，然而一旦建立起文化控制後，相對其他控制而言，則為成本較低的控制機制。從另外一個角度而言，制定子公司的管理制度，或限制規定高層管理者的權限，都是為了使子公司能夠符合母公司的文化管理要求，同時還要透過社會化過程來使子公司與母公司具有共同的企業文化。

漢彌爾頓等學者（Hamilton，Talylor and Kashlak，1996）透過輸入、行為與產出的觀點，來探討跨國企業子公司的策略控制系統。輸入控制的觀點（Input Control）是指跨國企業在跨國經營活動執行前所採取的行動，包括人員的設定選拔標準、培訓、配置、策略規劃、各種型態的獎勵分配等。透過人力資源的招聘，使得公司的人員具有與母公司文化價值觀相符的人員，以及藉由培訓來提供組織成員所需要的能力和價值觀，以確保海外子公司的未來運營能在派外人員的管理下，符合母公司的期待。

重要知識的產生與傳遞是靠個人的接觸，特別是知識管理在跨國經營傳遞的過程中，母公司通過一定的程序舉辦各種活動來促進這種接觸，這也包括各種培訓與發展課程，建立共同的語言，以營造母子公司共同的企業文化。

跨國人資管理實戰法則

百寶箱 3-2：檢驗公司內部的人力資源管理制度

　　跨國企業的人力資源管理制度必須要健全，以作為海外子公司的人力資源管理基礎。海外子公司的人力資源管理制度可以根據母公司的管理規章制度，來進行調整，以適應當地的情況。因此，母公司的制度愈健全，愈可以幫助跨國企業推動海外的管理。

　　以下針對人力資源管理的各項職能，供您檢核自己的內部人力資源管理制度完善程度。在表中，第三欄主要是檢查人力資源管理制度是否有或沒有，第四欄是檢核這些現有的辦法制度是否已按照遵行，最後需要補充的可在備註欄說明。在檢核完後，最下面的空格中，針對這些檢核結果，提出改善建議。

序	規章、制度或辦法	有或沒有	執行狀況	備註
1.0	日常管理			
1.1	考勤管理			
1.2	員工手冊			
1.3	離職管理			
1.4	聘用管理			
1.5	獎懲管理			
1.6	檔案管理			
2.0	招聘管理			
2.1	招聘管理辦法			
2.2	面談題庫			
3.0	培訓管理			
3.1	培訓管理辦法			

3.2	培訓體系			
4.0	薪資福利管理			
4.1	薪資管理辦法			
4.2	獎金制度			
4.3	福利制度			
5.0	績效管理			
5.1	績效管理辦法			
5.2	績效考核表制度			
6.0	其他制度			
6.1	職等職級			
6.2	薪等薪級			
6.3	審批權限制度			
6.4	職涯發展制度設計			

如何改善：

跨國人資管理實戰法則

3-3

文化移植的輸入控制

跨國企業在跨國經營活動前，為了將母公司文化傳輸給子公司所採取的行動，包括派外人員的設定選拔標準、培訓、配置、策略規劃、各種型態的獎勵分配等。Prahalad and Doz(1987) 強調要管理全球性企業文化必須有一套管理工具，而這套管理工具奠基在下列三項關鍵要素上，分別為：資訊管理、員工管理、及利益衝突管理。其中員工管理工具包括了關鍵經理人的選任，高階主管的職涯規劃，獎懲制度，管理發展，及社會化模式。

　　派外人員在子公司的經營管理上佔有很重要的地位。派外人員需具有與母公司文化價值觀相符的人員。透過培訓來提供組織成員所需要的能力和價值觀，以確保海外子公司的未來運營能在派外人員的管理下，符合母公司的期待。

　　派外人員派駐到子公司後，在管理過程中將母公司的形象逐步灌輸到子公司，這樣有助於傳遞公司的規範與價值觀。在跨國企業初期進入海外市場時，派外人員扮演開拓市場的角色。但當跨國企業已發展成為網路結構，此時，管理控制主要依

賴於公司關鍵人物的傳遞文化能力與組織運作能力，這些能力能夠給公司內部建立一種氛圍，以鞏固各職能部門與子公司相互間的合作、承諾與資訊交流。

■ 跨國企業的用人策略

母公司派駐的管理人員其實是直接控制的執行者，是與母公司保持緊密聯繫的人員，因此，選拔派外管理人員是控制子公司的手段之一。管理人員母國化是指跨國企業所有關鍵的職務都由母國人員擔任，較適用於國際化階段的企業，其採用的原因包括缺乏能夠勝任的當地人員之外，另外就是母公司需要與子公司保持良好的溝通、協調與控制等方面的聯繫。尤其當跨國企業併購（M＆A）一家當地的公司時，母公司會在開始期間派遣母公司人員來擔任重要的職務，以確保新的子公司服從公司的整體目標與政策，達成有效的控制意圖。管理人員母國化具有「全球整合」策略意義，透過管理人員母國化來實現子公司的管理與母公司一致的經營方針，並將母公司的管理理念制度灌輸到子公司內部。

管理人員本土化是指招聘當地國人員來擔任子公司的重要職位，母公司減少派外人員，以降低派外人員的高昂費用。然而，

跨國人資管理實戰法則

3-3
文化移植的輸入控制

對控制子公司而言，無疑是一項憂慮，包括語言障礙、國家認同與文化的差別，都可能會使母公司與子公司產生隔閡，使得母公司難以控制子公司。因此，跨國企業一般均在海外子公司生產經營過程中都標準化（行為控制與產出控制），以及當地國人員通過培訓（培訓控制）之後，才逐步讓他們在子公司擔任要職。管理人員本土化具有「當地回應」策略意涵，透過管理人員本土化來實現子公司的管理本土化的經營方針，跨國企業可能願意當地子公司被視為一家本地企業，以迎合當地經營的特殊情況。

相對於前兩者的國籍策略而言，管理人員國際化要算是比較折衷的辦法，其主要考慮在整個企業中任用最合適的人選擔任重要的管理職務，而不考慮被甄選者的國籍，一般而言，通常是第三國的人員擔任，許多跨國企業的地區母公司就像小型的聯合國一樣，不同國籍的工作者在同一棟大樓上班，員工的國籍數可能多達二、三十多個。這符合跨國企業在全球範疇間利用自然資源，來進行全球競爭。實施管理人員國際化的母公司在人事制度上會實施較高程度的中央控制（全球整合），對子公司管理者的用人方面限制較多，又能選擇較能熟知當地國社會文化、經濟政治的第三國國民（當地回應），但是實施這種策略需要較長的時間。

■ 經理人員的選拔

　　一般來說，母公司具有任用子公司經理人員的權力。為嚴格選拔子公司經理人員，母公司首先制定子公司經理人員的選拔標準，並將母公司的文化價值觀作為選拔標準的重要內容之一，以確保經理人員符合母公司的企業價值觀。在歐美跨國企業進入中國之初，從總經理、第一線部門經理到分公司總經理，一般由總公司外派，他們由擁有豐富的專業知識和多年的從業經驗、熟悉公司整體的運作和企業文化的西方人擔任；其中也有許多來自新加坡、香港、臺灣的亞裔外籍人士，他們不僅具有專門技術和經驗，較之西方人對中國有更多的瞭解，語言也更容易溝通。因此，嚴格選拔子公司高級經理人員的程序和標準，可以用來作為人力資源輸入控制機制，以確保跨國企業的總體策略的實現。

　　選拔是支援基本的行為控制，作為一種控制手段，除了在管理人員的國籍策略之外，選拔出是否具有與母公司文化價值觀相符以及能力相當的人才也是重要的考慮，如此才能在其未來派駐子公司時，降低因文化價值差異所導致管理成本的問題，充分發揮控制的作用。在選拔標準上，除了適應力與業務能力外，責任心也非常重要，這是由於海外經營過程中，隨著子公司的自主性慢慢增加，母公司需要授權的幅度與承受的風險也加強。因此，

跨國人資管理實戰法則

責任心也是選拔派外人員的要點之一，它包含了正直、誠實、工作熱情、海外工作意願、心理特徵與待人接物的態度等，來確保所用的人才符合企業的價值觀。

以價值觀為雇用基礎

　　跨國企業在進行文化移植時，需要靠人員來相互傳遞。在人力資源輸入控制方面，跨國企業通過嚴格的選拔與任用使其文化價值觀內部化。招聘和甄選是母公司用來實現企業文化的內部化與認同，並借此控制其子公司的方式。為嚴格選拔子公司人員，母公司首先制定子公司人員的選拔標準，並將母公司的文化價值觀作為選拔標準的重要內容之一，以確保選拔的人員符合母公司的企業價值觀。這樣，被選上的員工對組織才會具有高度的認同。

　　跨國企業會通過招聘和甄選的環節來實現和加強對子公司的控制。因此，透過選拔，使得具有所需技術能力、願意接受組織的授權和學習組織規章與規則的人，才得以進入組織。母公司的選拔標準可以用於選拔子公司的員工，或者要求他們的個性、特質與母公司的文化價值觀相吻合。因此，嚴格選拔子公司的員工的程序和標準，可以用來作為人力資源輸入控制機制，以確保跨

國企業的總體策略的實現。而跨國企業的母公司文化常常與當地國本土文化有較大的差異，因此如何挑選符合其企業文化的員工，應該是影響企業文化植入效果的要素之一。

　　跨國企業在招聘與甄選過程中通常會建立自己的特有企業文化辨識機制，以挑選符合企業價值的員工。針對人員選拔，挑選的是與其文化價值相吻合的人，而不僅僅是能做這些工作的人。

　　因為人才與職務吻合不僅體現在知識、技能的吻合上，還必須重視內隱特質的符合，只有具有與企業哲學、企業使命一致的人格特質和動機的人，才可能與企業建立勞動和心理契約雙重連結的夥伴關係，才可能被充分激勵而具有持久的奮鬥精神，才能將企業的核心價值觀、共同願景落實到自己日常的行為過程中造就卓越的組織。著名人力資源管理學家德斯勒說：「那些員工有較強獻身精神的公司都很明白，培養員工獻身精神的工作不是在員工被雇用之後開始的，而是在他們被雇用之前就開始了。」因此，許多跨國企業通常都對於要雇用的人非常審慎，從一開始就執行「以價值觀為雇用基礎」的策略。他們盡量在甄選的過程中獲得應徵者全部的資訊，甚至包括他或她的素質和價值如何，所以他們設計了許多員工篩選工具，比如說心理測驗、精心設計的面談等，來確定應徵者的價值觀與跨國企業的價值觀體系是一致的，以促使團隊融合與工作績效，這也有利於跨國企業的經營策

跨國人資管理實戰法則

略得以實現。

■ 派外人員與當地員工的培訓

　　西方先進的跨國企業在國際化的過程有著相當長的時間並累積豐富的經驗，早已形成一套企業文化傳輸的模式。一般而言，提到西方跨國企業對於企業文化移植的部份，只能簡略的看到他們對於培訓的重視，如摩托羅拉在中國的企業內部以建立摩托羅拉大學著稱，以及其他許多跨國企業建立企業大學或管理學院一樣，企業文化的移植並不單靠培訓一途而已，應該是有完整規劃的系統性配套，進而得以全面的推展。

　　一般提到國際人力資源管理的培訓，通常會將焦點擺在派外人員如何提升海外的適應能力，尤其是跨文化培訓為主的課程幾乎已經是國際人力資源開發的代名詞。然而，培訓也是一種跨國企業控制子公司的工具與手段之一，透過培訓將母公司的企業文化價值灌輸在課程當中，以期待子公司管理者與員工都能具備有母公司的文化價值。

　　與跨文化培訓不同的是，以控制為目的的培訓，其對象除了母公司的派外人員之外，還包括子公司中非母國籍的員工。對於跨國企業而言，如何保持與影響自己所擁有的人力資源，並培訓

其成為國際型的人才。目前一項人力資源發展的趨勢就是，許多跨國企業紛紛建立自己的「大學」或「學校」，例如：麥當勞大學、摩托羅拉大學與迪士尼大學等。以麥當勞為例，每位升為店經理的管理人員必須到美國麥當勞大學接受一定時數的訓練，如此在全球每個分店店經理以上幹部，都受過母公司的洗禮。

當甄選控制做得不夠時，培訓是作為有效替代的另一種輸入控制，培訓的目的就是改變組織成員工作所需的能力、態度與價值觀，使他們能夠符合組織工作上的要求。跨國企業投入培訓，是希望培養出來的人員與母公司的價值觀是相符的，能以母公司相同的觀點，來對待管理上的問題。

台資企業到中國大陸設廠時，由於新設備機台需要操作人員，而這些技術人才在當地甄選不到，為了讓子公司的工廠能順利展開運作，於是將子公司本地員工送回台灣培訓，主要是以技能的培訓為主。但是也有一些台資企業將子公司的本地員工送回台灣進行培訓，目的不是以技能培訓為主，反而著重在母公司企業文化的培訓，這些培訓以共識營、企業價值培訓營或者是管理培訓為主的目的，是為了讓這些在當地具有潛力的幹部，除了可以接受母公司的文化薰陶外，並可以讓他們與母公司高層主管面對面溝通，以提高他們對母公司的認同感，並能更深刻的感受母公司的文化價值觀，以便於未來他們在大陸子公司任職後，能夠將母公司文化移植到當地子公司。

跨國人資管理實戰法則

當地員工內派到母公司培訓與任職

為了加強母公司的文化移植到子公司中，有些跨國企業已經將一些當地的管理人才或儲備管理人才送往母公司受訓，另一方面是這些人才與母公司高層管理人員直接進行交流溝通，以便於將母公司文化傳遞到這些人才上，以使他們更能親身體會母公司文化。

除此之外，一些跨國企業開始在全球範圍內招聘管理者，並派遣他們到母公司擔任中高層主管，這些人我們稱他們為內派人員（Inpatrites），也就是被指派到跨國企業母公司擔任高級管理職務的其他國家的公民。目前世界級的全球企業中，幾乎都有「外國人」在母公司中擔任高層管理職務。內派人員的出現，表示跨國企業在國際人力資源管理越來越趨進於全球中心主義，也就是人員的配置以全球競爭為依歸，而不以國家或族群為依據，減少單一文化取向，邁向多元文化團隊的形式。內派人員可視為一種培訓的形式，就如派外人員一樣，這樣在異國的工作經歷也作為工作職務上的培訓（OJT），不論派外或派內人員的生涯發展與海外輪調，都能促使跨國企業內不同國籍的中高階經理人具有共同的企業文化與價值觀，使能產生控制的效益。

百寶箱 3-3：**派外人員作為宣傳母公司文化的傳媒**

　　跨國企業為了要甄選符合企業文化的派外人員，需要根據以下步驟進行，來確保派外人員能在海外發揮母公司企業文化的策略。

第一步：明確符合企業文化的人才特質要素
例如：勤勞、積極、當地洞察力、負責、細心、效率等

第二步：甄選出符合企業文化特質的派外人員

第三步：針對這些派外人員進行培訓

第四步：派外人員執行派外任務

第五步：派外人員在正式與非正式場合的企業文化宣導

第六步：海外子公司當地人員在潛移默化當中吸收企業文化精神

3-4

文化移植的過程模式

Chapter 3

在文化移植的過程當中，透過直接的行政管理方式來達成文化移植的目的。跨國企業透過母公司集權、明確的行為規範、例行性與一般性監督，來影響個人或群體達成目標所採取的手段，也就是利用政策或標準化程序的資訊與要求，來瞭解由輸入至產出過程中行為的需求。

■ 標準化的程序規範員工行為

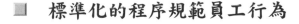

通常透過建立標準化的運作流程將規範的行為要求書面化，將其書寫在公司的各種手冊、工作說明書、工作規則、人力資源管理規章制度與員工手冊，以及管理制度流程的建立、會計程序與制度、員工規範守則、正式績效報告等，運用公司既定政策與書面的標準化流程來制定從輸入到輸出之間的轉換過程的行為要求。派外經理人被告知如何利用手冊與政策來回應各種狀況，他的績效與報酬乃基於行為表現是否符合規定。

人力資源行為控制是指通過明確的管理規章和作業程序控制

子公司管理人員和員工。行為控制的策略包括嚴密的監督、有效的激勵、母公司集中行使權力、明晰的作業程序（標準化）、主管嚴密監督並評估下屬的行動等等。行為控制的方法包括母公司制訂考核方案，公開的、正式的評估，經常的資訊反饋，重視行為過程評估。像在IBM、微軟、HP和奧美這些知名跨國企業都透過系統的規則和程序，以此規範子公司經理人員和員工的行為，制訂並實施了績效評估準則，以此來引導與控制其子公司高級經理人員的績效表現和行為，進而管理子公司的日常經營活動。

■ 作業流程隱含著管理的哲學

簡單來說，過程模式是跨國企業為了要達到文化移植的效果，所規範子公司在種種作業流程中的規定。例如公文簽核的流程代表著公司內部各部門正式溝通協作的流程，這些流程可能代表著跨國企業對於子公司的管理哲學，以及授權程度。例如：課長級以下人員調薪分別是由誰負責初核、複核與最後裁決。跨國企業的管理哲學若傾向於民主授權，則許多決策在中層主管就已經處理了，經營策略或重大決策才進入高層主管的辦公桌上；相對的，跨國企業的管理哲學若傾向於高度控制，則許多雞毛蒜皮的事都要子公司總經理拍板，甚至要到母公司的總裁做出核決。

跨國人資管理實戰法則

當子公司由母公司控制集中度較高時，子公司高階經理人常被要求按照手冊與政策來回報在當地國運作的各種情況，以使得母公司能夠掌握與協助子公司的運作。母公司對於子公司的回報體系，也有對應的窗口，以負責這些資訊能夠有效的傳遞到高層，或者問題能有效被解決。

　　然而，子公司所面臨的當地環境顯然與母國的環境不同，它需要回應當地，有時不能完全按照母公司的制度體系來運作子公司的管理，有些部分會因當地的情況進行許多調整與修正，使得子公司的管理制度能更符合當地環境的需要。另外，子公司的高階經理人則需要靠自己的能力判斷當地市場情況，並做決策。

　　決策權放在母公司，高層決策者可能很難想像當地情況，等到發現問題才解決，就不能及時處理問題。因此，完全由母公司集權化可能會與當地實際情況有很大出入。

　　然而，究竟什麼該管，什麼不該管，就要將母子公司之間的核決權限劃分確立，有些事物交由當地高層管理者決定，有些則由母公司統一管理，這樣的權責劃分可達到既能確保控制，又能適應當地的環境。然而，子公司創立初期，母公司應該較為集權，在公司管理制度慢慢修正為當地適用的版本後，運行無礙且標準化後，再將母公司的權限逐步移轉給子公司。

■ 文化移植的社會化過程

　　文化移植本身是一項社會化的過程，它採取的是一種非正式與間接的手段。組織的文化有如人的性格，具有持久與穩定的特質，這樣的特質以多種方式傳遞給員工，包括長久以來約定俗成的規矩、事件的共同標準、社會禮儀與舉止的標準，以及如何與部屬、同儕及上司相處的習慣，讓員工體會瞭解及分辨自己的行為是否符合組織慣例。公司文化即透過習俗、神話、傳說、禮儀與行動等建立的價值觀，以傳遞組織內成員應該如何做事的資訊規範。

　　從透過日積月累的外顯文化（Cultural Manifestations）的努力，進而產生知識基礎（Knowledge Base）以建立行為模式，到最後形成核心信念（Core Beliefs）的這段文化管理過程，需要時間與組織成員的共同努力配合。因此，子公司在設立初期很難在短時間之內立即建立文化控制，文化控制需要長時間的經營，慢慢積累起來。

跨國人資管理實戰法則

■ 管理制度與企業文化是解決管理問題的根本之道

我們發現，當跨國企業的組織規模較小時，公司的整體文化不易建立，這可能是由於跨國企業缺乏一群堅強而穩定的管理團隊，作為傳遞文化的執行者。也有可能是因為缺乏管理制度，公司還是處在人治的階段，導致高層管理每次換人，公司整體的組織氣候就改變了。

有家小型的跨國企業，為管理好海外子公司的中層幹部，培訓一群儲備幹部，讓他們擔任中高層管理者的副手，允許他們可以越級直接跟總經理報告，主要目的要讓他們監視這些中高層管理者，以達到控制的目的。然而，這只是一種管理的手段，長期而言，企業的管理制度與企業文化的建立才是解決管理問題的根本之道。

在大型跨國企業中，雖然還是有許多企業的管理制度不上軌道，但是公司若從最高領導者做起，就會在組織中透過正式與非正式的溝通管道，慢慢影響中高層主管，而最終影響到下層員工。無論如何，大型跨國企業更需要長期建立企業文化，因為企業越大，管理越不容易，就更需要企業文化的建立。

 **百寶箱 3-4** ：**母子公司權責劃分表**

　　跨國企業的母公司與子公司之間的權責劃分，會隨著不同時期而有所不同。在跨國經營的各階段中，若能設計好母子公司的權責劃分表，則有利於母子公司在權責上有所依循。

　　在下表中，母公司在子公司管理的對象為總經理、副總經理與部門經理，子公司以下其他的職位沒有出現在表中，代表著其他職位的管理完全授權給子公司主管自行核決。

層級		母公司層		子公司層			
業務範圍	子公司的核備對象	CEO	人力資源副總	總經理	副總經理	人力資源經理	部門經理
人員需求申請與遞補	總經理	□	#				
	副總經理	□	○	#	#		
	部門經理	□	◎	○			
績效考核	總經理						
	副總經理						
	部門經理						
晉升/降職	總經理						
	副總經理						
	部門經理						
調職	總經理						
	副總經理						
	部門經理						
解雇/免職	總經理						
	副總經理						
	部門經理						
調薪/降薪	總經理						
	副總經理						
	部門經理						
年度獎金	總經理						
	副總經理						
	部門經理						

（註：請依據以下符號，＃為提出、○為初核、◎為復核、□為核准▽知會或呈報，填入以上表格。）

跨國人資管理實戰法則

台灣跨國企業文化移植策略

3-5

Chapter 3

績效與薪資的產出控制

在人力資源產出控制方面，跨國企業主要透過激勵和獎勵管理
人員和員工來引導他們努力的方向，從而實現母公司的策略目
標。產出控制的主要策略包括設立目標、分權化控制、與績效
相連結的報酬和獎勵制度，即實行全球公平獎勵報酬制度，以
產出為評估標準，將獎勵與績效作聯繫。對於符合母公司文化
的員工行為結果與產出，若是我們給予獎勵與支持，那他們就
會產生正增強的效果，而使員工的行為漸漸效法母公司的企業
文化精神。

■ 派外人員如何做績效評估

　　跨國企業在跨地域、跨文化經營的同時，必須要透過一套
有效制度來管理其企業的績效，其必須有益於策略與競爭，這
其中，監督與確保運行過程符合標準是重要的要求。績效具有
正式化的特色，是控制子公司營運過程中重要的手段，為達成
跨國企業國際化策略與目標，子公司必須依照母公司的指示下

設立目標，不管是母國人員（PCNs）、子公司人員（HCNs）或第三國人員（TCNs）都必須按照這個目標，作為個人工作目標與標準。

個人績效管理包括工作職務分析、工作目標和標準、以及績效評估，績效管理需要一套標準化的流程，將目標明確的設定，進行績效評估工作，不斷將較差的績效給提升起來。然而績效有如一種多變因素的集合體，在評估子公司的績效同時有許多限制因素需要考慮。環境對派外人員而言是最重要的變數，不同的政治、經濟、社會、技術及物質需要的國際環境，可能是派外人員績效的主要決定因素（Gregersenk、Hite and Black，1996）。目標標準是作為衡量績效好壞的依據，績效評估的標準除了要符合母公司的期待外，母公司在管理子公司時，由於所處的政治、文化與法律等環境，以及產業環境中的客戶、供應商、合作夥伴等都是本土化的，因此，績效評估需要因地制宜。

績效評估的標準，會隨著複雜的跨國經營變化而調整的，母公司經常會派幹部人員到子公司訪問，以及經常的與母公司高層主管會晤溝通，透過雙向的溝通，使得子公司管理人員的績效跟著加以調整。例如：某家跨國企業的墨西哥子公司一年生產3萬噸的汽油，在相同規模的加拿大子公司一年生產6萬噸汽油，我們可以說墨西哥子公司的績效比較不好嗎？但是這家子公司比當

地同業競爭者績效要好三倍。因此，子公司的績效評估有許多因素必須考慮，而不能以絕對的數字比對，必須要衡量其他因素。

　　除此之外，透過母公司與子公司同時對派外人員進行考評，以便於掌握派外人員的工作績效。母公司對派外人員的考評主要是著重於控制與母公司文化對子公司的移植輸入；而子公司對派外人員的考評主要是著重於其跨文化適應、工作績效、管理績效與個人能力與行為表現。

　　跨國企業對於當地國當地員工的績效評估也會面臨到文化適應性的問題。較多的西方國家是屬於低情景文化（Low-Context Culture），績效評估設計相對較為直接，對於績效結果回饋給員工也比較坦白，被評估者可從評估人的語意直接瞭解其本身問題所在；而在東方某些國家是屬於高情景文化（High-Context Culture），有些績效評估設計的問題不能較為敏感露骨，在績效回饋上也比較婉轉，被評估者須透過自身文化的底蘊來理解評估人所指出的問題為何。因此，透過子公司當地人員來協助設計一套合適的系統評估當地員工，吸收他們的建議，可減少因文化差異所帶來尷尬的問題。確定子公司人員的績效來引導人員的行為，因此，通過績效的設計來達成母公司控制子公司的目的。

■ 績效評估與企業文化相連結

　　某家跨國企業為了能更好的提高服務質量和水準，讓顧客滿意，因此建立了「人員評估委員會」（以下簡稱人評會），它主要是由公司重要主管組成（包括CEO,CPO, Brand President, Chief Supporting Officer, Chief Developing Officer），透過人評會的機制，展開跨部門和跨功能的團隊合作，而員工的績效要得到合作部門的認同才行。同時它採用使命和能力模型（Competency Model）與員工績效評估相連結，在它的績效評估表裏將「為客瘋狂」、「相互信任」、「認同鼓勵」、「輔導支持」、「力爭而合」等能力都列為評估專案。通過對員工的工作進行全方位的角度來瞭解個人的績效：溝通技巧、人際關係、領導能力、行政能力等，通過這種理想的績效評估，被評估者不僅可以從自己、上司、部屬、同事甚至顧客處獲得多種角度的反饋，也可從這些不同的反饋清楚地知道自己的不足、長處與發展需求，使其以後的職業發展更為順暢。

　　以上企業的績效考評完全是根據企業文化所設計的，例如「為客瘋狂」裡面分為五個點，每個點分為一到五分，「相互信任」、「正面鼓勵」...等等，每項都會拆成好幾點進行評分，最後總結還有一個公司未來的方向和個人的意見，由於基本上的架

跨國人資管理實戰法則

構是配合企業文化，所以從頭到尾都是在貫徹公司的文化。

　　企業的績效考核應該是根據企業文化制定，並落實到員工身上，使每位員工都是相同的考核方式。其中有些個人考核因素可以不一樣，例如，某人是在某個階層以上才會制定360度的考核，而這360度的考核內容基本上會有與企業文化相關的內容設計在裡面，基本上從個人績效、部門績效，以及公司績效都會貫徹公司的企業文化，這些評估是透過全方位來完成的。該企業希望通過不同的角度、不同的立場的同事給予員工刺激，進而促使其能有更好的發展。

■ 報酬管理作為控制手段

　　跨國企業支付給子公司的派外人員報酬內容，相關制度設計上主要是能夠吸引他們願意接受派遣，以及使他們在國外的生活達到一定程度的滿意。由於國外派遣的工作較容易產生派外人員生活上的辛苦不便，通常會由母公司提供辛苦津貼，以便提供派外人員出國服務的激勵。除了派外的激勵外，由於報酬能引導人的行為模式，報酬還具備控制的功能。

　　期望理論（Vroom，1964）認為人採取某些行為（如努力工作）的強度，乃是取決於該行為後可得到的某種期望的結果，

以及這個結果對個人的吸引力。一套報酬制度要能產生激勵效果，需滿足三個條件：1)報酬必須具有吸引力；2)績效與報酬之間必須具有關連性；3)努力與績效之間必須具有關連性。換句話說，報酬制度必須讓個人相信只要透過努力就可以達成好的績效，並且好的績效能夠獲得好的報酬，以及這樣的報酬必須對個人產生吸引力。因此，根據期望理論的假設，母公司可通過報酬制度來引導子公司員工產出良好的績效，來作為母公司依據產出來控制的工具手段。

國際報酬政策要與跨國企業的總體策略、機構與企業需求一致，報酬政策也必須與個人績效結合，以達到產出控制的目標。透過員工工作的結果與績效標準的比較，視其績效成果優劣提供選擇性報酬與調整。報酬模式的選擇也要因地制宜：私下給予個別優秀員工獎金是許多公司主管常用的激勵手段，但是在日本，這種激勵手段可能會使被激勵的人覺得受辱，因為他脫離了他的工作團隊或社會群體，因此在運用時要視當地國情或風俗習慣而特別小心。

另外，由於當地國當地的外部勞動市場與母國之間的不同，將母公司的薪酬制度導入在子公司，恐怕不能完全反映子公司的當地需求。Pucik（1984）認為跨國企業的報酬制度應該重視公平性，以及配合本土經理人在當地外部勞動市場的薪資水準等情

跨國人資管理實戰法則

況，以獲取外部公平。因此，跨國企業子公司委託當地薪資諮詢機構調查當地平均薪酬是有必要性，以便能建立符合當地的薪酬體系。

 **：派外人員績效考核的參考指標**

跨國企業派外人員的日常工作中，除了本職工作以外，例如管理工作或專業技術工作等，還有一些派外人員特定的要求，這些都可以作為派外人員績效考核的標準，跨國企業可以依公司需要做為擬定績效指標的參考。

能力	指標	
本職工作要求	任務指標	
跨文化溝通能力	派外人員與當地員工衝突次數	
	員工投訴次數	
	目標達成率	
文化適應能力	派外失敗比例	
	派外人員眷屬當地生活不適應的比例	
海外知識移轉	提供母公司當地知識的數量	
	提供母公司當地知識的品質	
	提供其他子公司當地知識的數量	
	提供其他子公司當地知識的品質	
	提供其他子公司當地知識的時效性	
母公司文化移植	宣傳母公司價值觀的次數	
	子公司人員了解母公司價值觀的程度	
本土化的努力	培育當地人才的人數	
	當地中層幹部的流失率	

跨國人資管理實戰法則

3-6

Chapter 3

跨國企業文化的落實

跨國企業會通過直接或間接影響和調節子公司企業經理人員和員工的思想與行為的方式，向子公司移植其經營理念、企業文化、管理制度和程序，從而使子公司的員工認同和接受跨國企業的管理制度、經營策略與策略，將子公司的管理與跨國企業的管理對接，實現對全球子公司管理的控制。

■ 實現跨國企業的策略目標

跨國企業綜合社會、文化、歷史和經濟等因素，加強對特定文化和經濟背景下個人和組織行為的瞭解，從而制定和設計有效的策略計畫和組織結構來減少文化植入的盲目性，對企業的主流管理模式進行維護和傳播，鞏固和加強自己的競爭地位。例如：許多跨國企業強調採用長期的、過程性的及制度化的管理訓練，實現企業文化的內化、相關資訊處理的規則和規範的內化。許多跨國企業將母公司的培訓和員工生涯發展計畫輸出至子公司，培訓當地國管理人員，或調動他們到母公司接受企業文化的薰陶，

培養他們公司總體的觀念和體現公司文化的價值觀。人力資源系統主要指跨國企業在選拔和培訓管理人員和員工的環節上體現母公司的標準和要求，為實現跨國企業的策略目標打下堅實的基礎。

■ 競賽活動與典範表揚

企業文化也需要透過內部行銷的方式去向其內部顧客推銷與宣傳，運用不同的活動或競賽讓員工時刻記住公司標榜與傳遞的核心價值理念。在奧美集團，每個季度都有「大紅人獎」的選拔活動，特別用來表彰行為或工作績效傑出，符合奧美精神的員工，傳遞著奧美集團鼓勵的行為典範。另外，某家跨國企業的年度大會由挪出一個專門的時段做為「鼓勵認同」的企業文化宣傳之用，這時，每個部門主管會上臺拿著具有特色的獎品，送給自己表彰的部門或同事，每個被表彰的部門或個人接到這樣的鼓勵都會覺得很自豪，因為自己過去辛苦工作的最後能受到其他部門的肯定。該企業為了標榜「追求卓越」這個能力，就讓中國區的競賽冠軍被邀請到母公司接受一年一度的「全球冠軍俱樂部獎」大獎。以上的例子說明了透過不同的方式設計，讓企業關注的文化也被所有員工關切。

跨國人資管理實戰法則

■ 進行全員的文化管理

　　跨國企業在子公司若獲得良好的發展態勢，需歸功於其母公司的企業文化成功地植入到其在當地的子公司，與其全球策略相契合，形成了企業競爭優勢來源之一。事實上，我們可以看到在母公司企業文化的傳承與延續中最關鍵的是對人的管理，尤其是實行全員跨文化管理。這是因為：文化傳承和移植的客體和對像是人，即子公司的所有人員，而實施文化傳承的主體也是人，即企業的經營管理人員。

　　在跨國企業中，母公司的企業文化可通過企業的產品、經營模式等轉移到國外分公司，但更多的是通過熟悉企業文化的經營管理人員轉移到海外子公司，在跨國企業的資源轉移中，除資本外就是經營管理人員的流動性最強。由於這個過程的主體和客體都涉及到人，因此在跨國企業的文化移植與傳承中要強調對人的管理，既要讓經營管理人員深刻理解母公司的企業文化，又要選出具有文化整合能力的經營管理人員到國外子公司擔任重要的管理職責，同時要加強對公司所有成員的文化管理，讓母國文化真正在管理中發揮其重要作用，促進跨國企業在與國外企業的競爭中處於優勢地位。

　　事實上，我們可以看到文化植入是個需要長時間觀察和培育

的過程。跨國企業基於其母國文化和當地國文化的巨大不同，並不試圖在短時間內迫使當地員工服從母國的人力資源管理模式。而是憑藉母公司強大的經營管理實力所形成的文化優勢，對於公司的當地員工進行逐步的文化滲透，使母國文化在不知不覺中深入人心，而當地國員工逐漸適應了這種文化，並慢慢地成為該文化的執行者和維護者。

■ 派外人員不斷的傳遞母公司的企業文化

從文化移植的角度而言，母公司派外人員的忠誠度是很重要的，這部分在許多歷史悠久的大企業較具有優勢，這些公司有許多在公司服務多年的管理者，他們除了對自己的產業行業有較深的瞭解之外，受企業的創辦人或領導人的價值觀影響較大，對企業也有較深厚的感情。由於子公司員工並不能深刻的感受母公司文化，因此，母國的派外人員就負有義務，要將企業創辦的精神傳遞給子公司員工。

為了有效管理企業文化，就要與當地員工常常透過正式與非正式的場合，透過互動與交流，來傳遞母公司的企業文化，使當地員工在進行決策與從事其他活動時，都能將企業文化視為最高的指導原則。另外，透過這些派外人員的輪調，也將這樣的理念

跨國人資管理實戰法則

，帶到其他單位去。

　　李奧貝納（Leo Burnett）的文化移植，大部份是靠著派外的人員與母公司高層主管不斷的傳輸給子公司員工。李奧貝納廣告公司的識別標誌，就是一個人伸手摘星的圖樣，象徵意涵為「你必須不斷伸手摘星」，比喻著人對於理想的追求。在李奧貝納的全球子公司，都在傳述這樣的故事。不論是公司各樣的正式與非正式場合，派外人員的高層主管就會不斷的傳遞企業的文化精神，或者是母公司高層主管來訪，開頭第一句話，就是在說伸手摘星的故事。到現在，許多已經完全本土化的子公司，即使總經理與主要管理幹部已換成當地人擔任，但在這些公司中至今還不斷在傳遞這樣的故事與精神。

■ 文化移植的關鍵成功因素

　　綜合以上討論，我們可以發現跨國企業在文化移植上的努力與成功。其成功的要點歸納為幾點：

1. 企業文化具有普世價值

　　傳輸普世價值的文化至海外子公司時，較不須修正其母公司

企業文化。雖然多國公司的母公司企業文化常帶有母國文化，在海外設立營運據點時常會有與地主國文化融合的問題。通常企業文化具有普世價值者，如：以人為本、追求卓越、鼓勵創新等，較容易被中國大陸地區當地員工認同並接受，而無須進行大幅調整其母公司企業文化。

2. 完整人力資源管理體系

海外子公司挑選價值觀與公司理念相符的員工，有利於企業文化的植入，並可預期未來較佳的績效表現。對母公司與海外子公司的關係採用控制觀點的學者主張輸入控制的重要，即從開始對人員的甄選，派外經理人的遴選，就應謹慎應對，挑選價值觀與企業理念相符的人員，以利管理的有效性。本身價值觀就傾向公司企業文化的員工，較一般員工有較強的企業認同，也有比較好的績效表現。具有完整人力資源管理體系的海外子公司，更可以較成功的複製母公司企業文化。

3. 長期穩定的高層經營團隊

海外子公司有長期穩定的高層經營團隊，是傳承及落實母公

司企業文化的關鍵因素。高層經營團隊由於在公司裏都有超過一定年資以上的工作資歷，本身就富含著企業文化的理念與實踐文化的決策模式，這些高層主管不僅是海外子公司員工學習的典範，更是文化理念塑造的重要推動者，長期的在公司裏影響著公司員工的思考與行為，企業文化就在這樣的點滴之間建立起來。

海外子公司的企業文化移植或建構是漫長而複雜的社會化過程，在這樣複雜的社會系統，要能有效地培育眾人具有相同的信念、價值、及行為準則，必須是多項要素相作用交織而成，而非單向的傳播模式。

4. 完善的管理制度

完善的管理制度推動及營造企業文化氛圍，嚴密的行政控制及標準化作業流程規範著員工具體的行為，穩定的高層經營團隊深遠的影響員工，將企業價值內化為員工自身的價值，不自覺的顯露出企業訴求的行為標準。

▶檢驗企業文化移植模式

譚志澄（2005）在中國大陸兩家大型的跨國企業的研究中，歸納得出文化傳輸的模式，如表3-1，找出了文化移植傳輸模式的普遍性原則，供讀者參考。

表3-1：母公司文化對海外子公司的傳輸模式的歸納

傳輸機制	核心元素	某跨國廣告集團	某餐飲集團	普遍性原則
輸入控制	企業文化	**·母公司核心理念** 「成為珍視品牌的人最重視的代理商」、以人為本、尊重知識、創造力。 **·理念載體** 內部刊物、書籍、錄影帶。 **·文化植入** 母公司文化輸入中國地區子公司不須修正	**·母公司核心理念** 「Customer Mania」，為客瘋狂、人的能力為先、群策群力、相互信任、認同鼓勵、貫徹卓越、力爭而合。 **·理念載體** 企業文化手冊 **·文化植入** 母公司核心理念植入中國不須修正。 中國區加上「力爭而合」的理念。	**·企業理念鮮明** **·有書面文件** **·母公司企業文化**輸入中國大陸子公司不須修正。
	人員甄選	**·選拔標準** 熱情、好奇心、靈活性、責任感、不安於現狀、求知慾。 **·檢核點** 應聘者價值理念相符 **·甄選工具** 主管面談、未開發特定測評工具	**·選拔標準** 認真負責、服務熱忱、樂於溝通、謙遜人格、團隊合作、執行力、尊重多元。 **·檢核點** 應聘者價值理念相符 **·甄選工具** 主管面談、未開發特定測評工具	**·甄選標準選自企業理念或價值** **·評斷重點在於應聘人員是否符合公司價值觀**

跨國人資管理實戰法則

核心元素		某跨國廣告集團	某餐飲集團	普遍性原則
派外經理人		・遴選方式 調任亞太地區工作績效優異的資深管理人員前往赴任。 其他地區有意前往中國工作的員工。 ・工作任期 原則上只要工作表現優異，適應中國地區環境，並無任期限制。許多高階主管已在中國超過十年時間。 ・工作職責 傳承公司的工作標準及工作經驗給當地員工，並培育當地人才。	・遴選方式 調任亞太地區工作績效優異的資深管理人員前往赴任。例如台灣、香港。 ・工作任期 原則上只要工作表現優異，適應中國地區環境，並無任期限制。許多高階主管已在中國超過十年時間。 ・工作職責 負責師徒制的調教當地儲備幹部，確認儲備幹部能力及工作績效能符合母公司的績效標準。	・派外人員長期承諾中國市場。 ・傳遞母公司的工作品質及工作態度
訓練發展		・新人培訓（每季針對新進人員） ・定期專業培訓 ・海外培訓 ・管理培訓 ・明日之星人才發展計畫	・人員發展流程 ・新進人員培訓 ・餐廳員工職務培訓 ・餐廳經理培訓 ・餐廳總經理培訓 ・管理培訓 ・師徒制計畫（Mentor Program）	・以企業文化為核心的訓練發展體系。
行為控制	標準作業流程及商業政策	・全球一致的工作流程及應用系統 ・全球一致的商業行為規範 WPP Code of Business Conduct	・全球一致的標準作業手冊及營運手冊。例如：開店準則，新產品開發及評估程序，餐廳廁所清潔程序。	・標準化作業流程
	財務預算程序	・全球統一的財務預算程序，確保資源分配符合公司策略。	・全球財務預算管理程序及財務準則。	
產出控制	績效評估	・實施360度績效評估系統，確保員工具有提供客戶360度品牌管家服務的能力。	・企業文化為核心的能力模型與績效評估制度連結。 ・一定職位以上採用360度績效評估制度	・企業文化與績效評估系統結合。

績效評估	核心元素	某跨國廣告集團	某餐飲集團	普遍性原則
	典範表揚	・每季有表彰員工價值的「大紅人獎」。	・績優員工選派至美國母公司參加全球冠軍俱樂部獎 ・公司年度大會有「認同鼓勵」專節，鼓勵員工表彰他人對部門或自己的貢獻。	・典範表揚活動彰顯公司尊崇的價值理念。
有效的傳輸途徑	典範學習	・高層經營團隊超過五年共事的時間，成員在公司的工作資歷在十年以上 ・資深管理人員常撰文發表工作經驗或理念於公司內部刊物，親自對員工授課。 ・經理人員的決策行為與公司價值相符。	・高層經營團隊有十年的共事經驗，成員在該集團工作資歷超過十年。 ・主管人員以身作則，實踐企業理念，並指導員工有相同的工作態度。	・長期穩定的高層管理團隊。

（資料來源：譚志澄，2005）

跨國人資管理實戰法則

現在，根據別人企業的案例，來盤點自己的跨國企業採用了那些文化的傳輸模式，來有效移植母公司文化。首先，您可以在下表中勾選目前企業內部在實施的傳輸模式，並在後面欄位加以補充說明現行的作法。在填完目前的傳輸模式後，開始思考在目前現行的方法中，得以改善的作法為何，並填入最右邊的欄位中。

表3-2　企業文化移植模式檢核表

跨國企業名稱：			
子公司所在地		員工人數	
傳輸機制	核心元素	目前做法	可加以改善的作法
輸入控制	☐ 企業文化		
	☐ 人員甄選		
	☐ 派外經理人		
	☐ 職涯發展與輪調		
	☐ 培訓		
	☐ 其他：		
行為控制	☐ 組織分工		
	☐ 標準作業流程		
	☐ 商業政策制定		
	☐ 財務預算程序		
	☐ 例行性與一般性監督		
	☐ 其他：		
產出控制	☐ 激勵機制		
	☐ 績效評估		
	☐ 典範表揚		
	☐ 薪資與獎金設計		
	☐ 其他：		
有效的傳輸途徑	☐ 典範學習		

>>> 跨文化融合

4

4-1 跨文化衝突產生的原因與管理

「文化差異」代表著不同國家、民族間文化的差異。它主要體現在幾個方面：

(1)價值觀的差異。

(2)傳統文化差異。

(3)宗教信仰的差異。

(4)種族優越感。

(5)語言和溝通障礙。

對於身處在異地的跨國企業子公司而言，國際人力資源的獲取、發展與維持都在當地國當地運作，這也就代表著這樣的運作以當地國文化的特定價值評判體系作為基礎。

文化影響著人們對於其社會體系的理解，不同群體對行為反應的認同與其所處文化環境有關，文化衝突顯現出不同的文化特性。也就是說，文化衝突是不同形態文化或是文化要素之間相互對立、相互排斥的過程。

跨國人資管理實戰法則

■ 跨文化中衝突產生的來源

跨國企業中多樣化的員工具有不同的價值觀、信念、工作態度、以及工作方式，這可能導致在工作期間文化衝突的發生，以致於缺乏凝聚力和績效的可能性。細究跨文化中衝突產生的來源，不外乎有下列幾點：

（1）自我文化中心帶來的衝突

跨國企業的員工來自不同國家、種族，由於經濟、歷史和文化等多方面的原因，很可能會由於其中某些工作人員的種族優越感而產生文化衝突。不同文化背景的工作者，在價值觀、態度、行為都存在差異時，如果一位管理經理人自認為自己的文化價值體系優越，堅持以自我為中心的管理方式對待與自己不同文化價值體系的員工，必然會導致子公司經營管理失敗，甚至遭到當地人員的抵制。

（2）行為習慣差異帶來的衝突

跨國企業中不同文化的工作者由於行為習慣的不同，在工作

當中產生矛盾與衝突。例如「飯局」在中國習慣與生意聯繫在一起，而西方則習慣於將「吃飯」當成社交活動形式。有一次中國代表團至美國合作廠商談判一項技術引進的項目，早上談完卻沒有安排午宴，只在安排晚宴招待代表團，導致中方代表團認為美方公司太小氣而心生不滿。

（3）語言和非語言的衝突

　　美國派外人員的一些問題經常發生在語言，原因是認為美語已經成為全球通用的語言之一，所以對於學習當地國當地語言並不被重視；由於語言不通，以致文化適應的難度越大，派外人員的失敗率越高。語言的學習可以加速文化的學習，並進而瞭解對方深層次的文化內涵。語言提供了認識世界的概念（Whorf，1965），而所有語言都是有限的辭彙量，這些有限的辭彙量又制約了使用者理解世界或將世界理念化的能力。既然語言構造了我們思維所觀察的事物，語言也就決定了文化的形式。語言的障礙增加跨國企業經營的成本，當管理工作者不懂得當地語言，恐怕會增加翻譯的成本；若是提供語言訓練給予這些派外人員，也會增加訓練成本。然而，透過翻譯服務的雙向交流往往只是在字面層次上的溝通，無法進入因當地長期以來生活和風俗習慣積

跨國人資管理實戰法則

累所隱藏的內涵，其造成的結果雖然是溝通了，但只有某些程度的瞭解，甚至誤解，這也難怪有許多文化衝突的發生。例如：「Table a motion」在美國表示「要延期討論」，在英國卻表示要「立刻進行討論」。

（4）知覺差異帶來的衝突

知覺是我們理解外在環境的主觀看法，不同種族對於外在事物的知覺是不同的。例如黑色對於日本人而言，代表著莊嚴高貴，日本人常常用黑色；但中國人卻常常避晦，因為在中國，黑色代表不吉利與死亡。由於文化的不同，不能很好的理解所產生的誤解，造成知覺認知的不一致，又因缺乏跨文化差異的認知，造成不同文化背景員工的誤會越來越深，以致在子公司內的工作者組織凝聚力下降，最後產生衝突。

（5）情感抵觸產生的衝突

情感衝突是成員彼此在情感上抵觸或敵意而形成的一種衝突。也就是跨國工作者由於無法理解文化差異所帶來的偏見與主觀的認知，產生在人際關係中個體或不同群體間的鬥爭，尤其以種

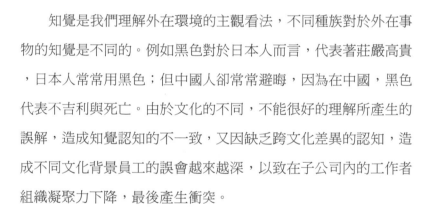

族背景為相互攻擊的對象，直接衝擊跨國企業組織凝聚力。

■ 包容他文化的差異減少衝突

　　隨著跨國合作與跨國企業投資的大增，跨文化管理的議題逐年被學術界所重視。在當今全球化趨勢下，跨國企業在聘用不同文化背景各國籍員工的情況下，由於不同的價值觀念、思維方式、習慣作風等的差異，對工作運作的一些基本問題常會產生不同的態度，從而給跨國企業的全面經營帶來風險。當全球化運作的複雜程度增加時，人才能力的特殊性與工作的差異性也會提升，這使得跨國企業對不同文化背景的工作者整合性的要求也會增加。管理工作成員來自於不同國家與地區，於是形成跨文化工作團隊的形式。這群「多國部隊」必須在工作初期能順利磨合，並且在工作期間相互合作，協調溝通，大家的工作與技能互補，藉由共同合作的方式來完成目標。

　　包容他文化的差異，可以有效解決跨文化的衝突。其次，通過「自主團隊」的管理，充分授權尊重專業，並嚴密的考核。最後，發揚以人為本之精神，建立了彼此的互信機制，尊重團隊成員不同的文化和價值觀，減少了知覺與情感衝突對組織凝聚力的破壞，提升了跨國經營的協同效應。

跨國人資管理實戰法則

■ 跨國企業的跨文化管理

所謂跨文化管理，是指來自不同種族和文化背景的成員個體共同工作時，為提高員工多樣化帶來的優勢，並避免文化差異帶來的衝突，共同努力合作來完成工作目標，實現效率與效能的最佳化，而採取的方法與策略之總和。成功跨國經營的跨文化管理可以運用跨文化優勢，消除文化差異的衝突。面對跨國經營中所受多重文化的挑戰，降低由文化摩擦而帶來的交易成本，必須要把公司的運營放在全球的視野中，架構公司本身的跨文化管理，從而實現管理多元文化的成功，以下列舉數種跨文化管理策略供作參考。

（1）多元文化認同

跨國經營的文化衝突與困惑源於工作團隊的文化差異，因此務必使內部員工瞭解多元文化之差異，尊重並包容文化之間差異，甚至將多元文化認同之理念列於專案管理的信條中，例如：「四海之內皆兄弟」、「四海一家」、「尊重他人文化價值」等。

（2）跨文化理解

　　跨文化理解必須能知己知彼，瞭解文化的自己意識與他文化之間的相同與差異，促使所謂文化關聯態度的形成，然後以「文化移情」（Cultural Empathy）理解他文化。文化移情要求人們必須在某種程度上擺脫自身的本土文化，克服「心理投射的認知類同」，以一種超然的立場檢視不同文化間的差異，進而能理解文化價值的不同。

（3）跨文化培訓

　　跨國企業子公司在華經營的環境，其最重要是一種學習過程，即外籍人員對當地國文化的學習。在勝任跨文化環境下的管理人才資源還相當地有限，因此，透過事先對於派外人員進行跨文化培訓，以期能順利及早適應。

（4）跨文化融合

　　在文化共性認識的基礎上，根據環境要求與經營管理內部不同文化群體之間，透過異中求同創建公司的文化，融合後的文化

既能表現出明確而一致的特徵，消彌文化衝突的產生。

（5）跨文化溝通

　　要消除文化差異所產生的種種矛盾和衝突，必須發展有效的跨文化溝通。不同文化背景的人彼此共事，應建立跨文化溝通的機制。國際管理者需要有意識的建立各種正式的非正式的、有形的和無形的跨文化溝通組織與管道。至於如何進行跨文化溝通，可採取的措施如以下幾點。

1. **慎選翻譯**：藉由翻譯的服務可以讓兩種不同語言的人們溝通無誤，尤其口譯的傳達要比書面或材料翻譯等方式技巧難度要來的大，好的翻譯不但會精通兩種語言，並且具有技術知識和辭彙來應付交流中的一般細節問題。

2. **建立共通語言**：為簡化跨國企業日益多樣性的語言，採用以一種語言作為專案運作的語言，制定共用的語言來進行交流，以降低溝通成本。

3. **追蹤資訊**：對於發送出去的訊息，應隨時予以追蹤，以防止誤解的發生。假如你的訊息已經被人誤解，此時你若想要瞭解自己的想法是否讓別人接受，可以透過追蹤訊息向接受者做再確認（Double Check），以確保資訊是被明確地接受。

4. **要善用溝通管道**：隨著科技的日新月異，可選擇的溝通管道越來越多，這些溝通管道包括：信件、電報、電話、傳真、網際網路快遞等。專案管理者可依訊息傳遞速度與成本考慮下選擇適當的溝通技術，來獲得溝通的效能。

 ：**評估跨國企業文化衝突與解決之道**

　　跨國企業在當地子公司可能會遭遇到許多文化差異的衝突，就讓我們來評估看看，衝突可能發生的來源，若是有嚴重性，請勾選，並思考如何改善。接下來，並制定出跨文化的管理措施，來解決文化衝突。

序	衝突來源	嚴重	普通	不嚴重	改善措施
1	自我文化中心	✓			
2	行為習慣差異				
3	語言和非語言的衝突				
4	知覺差異				
5	情感抵觸				
跨文化管理的措施					

4-2

Chapter 4

跨文化管理的融合互存

跨國企業在推動全球化策略的過程中，母公司企業文化與當地國文化間的關係是如何交融？一般而言，跨國企業的母公司文化通常帶有濃厚的母國文化色彩（Hofstede,1999），然而，在跨國企業到海外子公司的經營中，將母公司文化帶到子公司，由於文化差異導致管理的適用性可能產生影響。例如：目標管理與績效薪資連結的管理制度上，在美國與德國是較為可行的，但在法國與拉丁文化國家卻不被接受（Hofstede,1980; Laurent,1986）。因此在母文化移植至當地國的過程中，可能會發生文化衝突問題，以致產生輸入障礙，妨礙競爭優勢的建立。

■ 跨文化障礙與衝突成本

跨文化障礙與衝突所產生的成本，一方面是因為人們之間不同的價值觀、不同的生活價值觀和行為規範必將導致管理費用的增加、提高國際管理目標整合與實施的難度，以及提高項目內部管理運行的成本；另一方面，由於語言、習慣、價值等文化差異

跨國人資管理實戰法則

使得經營環境複雜度加劇,從而加大內外部環境經營的難度,這些因為跨文化所帶來的衝突與障礙,都可能造成國際管理經營的失敗。

　　跨國企業組織會產生文化衝突的主要原因可能是種族優越感、管理習慣的不適宜、認同差異、誤會的溝通、對文化的態度等。如果一位跨國企業中的經理人,自認為自己的文化價值體系優越,堅持以自我為中心的管理觀,對待與自己不同文化價值體系的員工,必然會導致管理失敗,甚至遭到抵制。不論是獨資或合資的跨國企業到海外進行直接投資,都必須結合不同國家的資本、技術、商品、人力資源與管理。以人力資源的角度而言,在結合的過程中會導致不同文化的撞擊、衝突與融合。對於國際管理者而言,跨文化管理就成為一項重要課題,它的關鍵在於如何突破不同文化間所產生的溝通與管理阻礙,以及消除文化衝突對企業所帶來的負面影響,並且在真實理解不同文化差異的基礎上,尋求和創造一種能夠相互認同與接納,以及發揮不同文化優勢的管理模式。

■ 增強跨國企業的文化協調機制與變遷能力

　　派外人員與國際管理者,需要深刻理解當地管理人員與員工

在不同文化所呈現的差異，並且要深入地瞭解學習跨國企業的文化與本地文化的真實內涵，並透過不斷的學習，將自己對這些文化的理解提升成更深層的體會。對於國際管理者而言，如何管理多元文化，在文化尊重與認識的基礎上，依據環境的要求和公司策略的需求，解決文化衝擊與差異問題。同時透過文化的微妙誘導，使個體與集體相互律動，如同一群人隨著音樂起舞而不會相互碰撞。這樣不斷地減少文化摩擦，使得每位員工能夠把自己的思想與行為與公司的經營使命和業務相結合，增強跨國企業的文化協調機制與變遷能力。

國際管理者必須不帶有文化間誰優孰劣的先入為主觀念，根據所瞭解的文化差異，找出母國文化與當地國文化的結合點，並依據不同文化的長處，以及它們之間的差異，在管理工作中擷取不同文化之所長，避開不同文化之所短，以找出整合這些差異的方式。跨國企業不論是以母國文化為導向，亦或是以當地國文化為導向，一元思維模式限制了多元文化的相互理解、溝通、吸收與補充，而多元文化的交互融合正是跨國企業跨國經營在文化管理上的優勢，也是跨國企業創造與發展獨特而有效的企業文化最重要的關鍵。

跨國人資管理實戰法則

■ 運用跨文化優勢

　　跨國企業成功運營的跨文化管理，是運用跨文化優勢，消除文化差異的衝突。美國著名管理學家彼得杜拉克（Peter Drucker）認為，跨國企業其經營管理「根本上是把政治上、文化上的多樣性結合起來而進行統一管理的問題」。

　　不同文化之間對於國際管理雖說是有利也有弊，但只要利用其優勢，並避免劣勢發生的機會，還是能夠有效地達成國際管理運作的目標。根據阿德勒（Adler，1991）的研究指出，文化多樣性對於高重複性、制式流程、日常性的工作作用並不大，但對於需要創新與完成複雜工作任務的群體而言是非常有價值的，尤其是專案的規劃與開發。

　　因此，培養出能包容多元文化，通過文化差異的理解和敏感性訓練等，跨國企業內部員工提高了對文化的鑒別和適應能力。

　　通過文化的交會，達成跨文化和諧的經營管理模式，逐步建立跨國企業的組織文化，有效運用跨文化管理策略，以成為國際管理成功經營的一大步。

優秀跨文化團隊的建立與管理

隨著跨國企業在海外的經營日漸發展，由不同文化背景的人組成的團隊也成了必須探討的議題。團隊有別於群體，他有特別的定義，團隊是一種較為緊密的群體，團隊成員必須協同一致來完成任務。跨文化團隊（Transcultural Teams）是一群不同文化背景的人，在一起為完成目標共同努力而工作。在文化差異的障礙阻擾下，團隊要如何相互信賴、相互溝通坦承自己的想法，並能彼此支援，來完成任務，就成了跨文化管理的一項重要課題。

雖然跨文化團隊有語言或跨文化溝通上的障礙，但是若能進行良好的管理，反而能藉由不同的文化背景，群策群力產生許多創新的思維與作法，為組織增加更多的價值。

當不同文化背景的成員，突然地被安置在同一個工作團隊中，可能無法敏銳地察覺其他團隊成員與自己的文化是有所差異的，若是未能事先進行有效的跨文化培訓，展開相互的理解與溝通，並能尊重其他成員的文化，文化衝突必然發生，因此初期的培訓或溝通是必要的。如此一來，跨文化團隊才能在尊重其他成員文化的基礎上，開始彼此信任，分享資訊並找到一起工作的節奏，以維持團隊良好的運作。

■ 跨文化團隊帶給企業的挑戰

跨文化團隊在運作中，由於許多因素導致運作的失敗，根據Govindarajan and Gupta在2001年提出的主要因素有兩點。第一點，由於文化差異的障礙而無法培養團隊成員的互信；第二點為溝通的障礙，這包括在時空環境中與語言文化上的障礙。為避免失敗的發生，如何管理好跨文化團隊，就成為跨國企業重要的挑戰。根據Marquardt and Horvath（2001）提出的觀點，這些挑戰包括：

1. 管理多元文化的差異
2. 處理距離分散造成的問題
3. 處理協調與控制的問題
4. 保持在長距離下的有效溝通（運用多種工具）
5. 發展與維持團隊的凝聚力

■ 建立文化融合的新團隊

由於跨文化團隊的個別文化的差異，對跨國企業而言，長期建立共同的企業文化與有效的管理模式是有必要的。我們建議跨文化團隊可以求同存異，在不同的文化背景上建立共同的企業或

團隊文化，以發展與維持團隊的績效。首先，要營造尊重個人的文化，讓團隊成員能包容彼此，作為相互信任的基礎；第二點，培養團隊成員的積極文化，這也要搭配企業管理制度上激發成員的工作熱誠與動機，而非控制監督團隊成員；第三點，建立學習與分享的文化，讓團隊成員的學習意願，並願意彼此相互分享所學。

百寶箱 4-2 ：跨文化團隊的發展階段

　　根據阿戴爾（Adair，1986）在《有效團隊建立》（Effective Teambuilding）一書中所提出的，跨文化團隊建立的過程可以依序分成四個階段，整理如下表，供讀者參考。

階段	情況	領導者扮演角色	評估目前情況
初期建立	不同文化背景的個人由於共同的目標而組合在一起，將自己特有的資源（技術、知識、經驗和價值觀）帶到團隊來，並且開始互相了解的過程。	鼓動者	
自我認知	規定角色、建立相互之間的關係，界定每一個成員的責任，學習與適應其他成員的文化。團隊內部開始出現衝突。	協調者	
達成互信	透過解決衝突，達成進一步的相互理解，使團隊目標更清晰，角色模糊現象得以克服，團隊凝聚力得以加強，工作效率持續上升。	整合者	
成熟運作	團隊成員對團隊目標高度認同，彼此間相互信任，溝通過程順暢無阻，經驗與技能互補，個體創造性得到最大發揮，形成穩定的高工作團隊。	參與者	

（資料來源：修改自Adair, J.，1986，Effective Teambuilding，England：Grower Publishing Hants）

4-3

Chapter 4

母公司文化傳輸時的融合

有些跨國企業會運用企業文化來控制它們在海外的子公司，由於母公司的企業文化的表現與其所屬國家有密切關連，而通常母公司的企業文化，反應典型的母公司的國家文化（Hofstede,1999），因此服務於海外子公司的地主國員工，會經歷母公司文化適應或文化同化過程（Selmer and de Leon, 1996）。不同文化之間，價值觀念、思維方式、行為準則語言、習慣和信仰都存在著明顯的差異。

■ 跨國企業跨文化融合的問題

韓國三星公司（Samsung）在美國的子公司具有美國文化的特質，在各地的子公司則有當地文化的特質，三星的企業文化中有著濃重的韓國式集體主義精神，這可能與其他國家的文化有許多差異。

在三星韓國母公司的員工都很團結，凝聚力非常強，有很多非商業的儀式比如集體唱歌。三星手冊和三星３３條改革誡命構

跨國人資管理實戰法則

成了三星的文化內涵，這些規矩具有濃重的韓國色彩，在三星進行國際化的道路上，如何與當地國文化融合的問題，正在考驗著三星領導層。

首先，三星母公司文化有太多的韓國式集體主義精神，會使組織中權責利的關係混淆；其次，是企業文化要求員工服從與忠誠，在許多個人主義的國家需要如何的融合，以建立全球一致性的三星文化，將會是一大值得研究的課題。

三星的企業文化帶有濃厚的韓國文化，在面對各國家與地區不同的文化形式，這考驗未來三星如何在國際化策略下施展文化適應能力，並有待於三星在未來文化移植策略上進行後續的調整。

另外，愈來愈多的證據顯示，企業因為缺乏整合與全球性觀點的企業文化，以致在全球化策略導入過程中、在跨國經營中遭受許多的障礙。例如：ITT, GE, Corning Glass Works, 在過去幾年在日本及歐洲都曾經歷難以與其他跨國企業的競爭局面，這些失敗的原因包括：缺乏快速回應能力、缺乏彈性組織結構與缺乏將技術及時轉換到適當市場的能力。檢視這些失敗的原因，可以發現並不是策略本身的錯誤，而是策略導入過程的失敗。究其根本，在於缺乏策略執行的組織能力，而這項能力的核心關鍵，就是在於跨國企業內部的文化建設（Rhinesmith, 1991）。

■ 從機構理論觀點解釋文化融合

　　機構理論(Institutional Theory)是解釋各種不同型態的外部機構如何透過仿效、社會責任，以及強制，對於在組織內什麼行為是適當、且根本上具有意義的，產生共同的理解(Scott, 1995) 。雖然機構裡論是解釋外部機構對組織的影響，但是若以在企業內部網絡運作的事業單位或海外子公司來看，來自母公司的工作或行為規範，以產生同質性團體的要求，將是使海外子公司透過企業文化調適，產生與母公司同質性的主要力量 (Selmer and de Leon, 2002) 。

　　隨著全球一致性趨勢的加強和跨國企業的快速發展，人力資源的流動性也在加強。當企業開展跨國經營時，各國企業的組織結構、技術方法、決策方式、控制程序已基本趨同時，員工的不同文化背景所產生的文化差異即成為影響管理效果的重要因素，從而給跨國企業的管理者產生了管理的難度，他們若不能將母國的成功管理模式移植到當地國的子公司，則必須要有所本土化。

　　在此全球化的潮流之下，跨國企業的活動常常涉及不同國家，當企業的技術層面也越來越廣泛，當這些技術必須採用不同國家的科技時，需要能力組成常來自他國時，如何管理來自不同國家專業人才的「多國部隊」即成為重要議題。不同的文化之間，

跨國人資管理實戰法則

價值觀念、思維方式、行為準則、語言、習慣和信仰都存在差距，這樣的差距使得文化背景不同的人在經營理念與管理方式往往大相徑庭，從而導致文化衝突。文化衝突對跨國企業跨國經營時會產生極大的障礙，甚至導致失敗。

■ 在理解認同上取得文化上的共識

跨國企業母公司的企業文化帶有濃厚的母國文化特徵，也就不可避免的會受到當地文化的衝擊和影響。由於存在文化價值觀和基本信念方面的差異，民族性格和行為方式上的差異，跨國企業要在當地國建立自己獨特的企業文化所需的時間和代價是相當大的，整個過程也是複雜曲折的。這主要是因為跨國企業中存在著差異較大甚至相互衝突的文化模式，因此來自不同文化背景中的人們無論是心理世界還是外部行為系統都存在顯著的差異。

這些差異只有逐步被人們相互理解和認同，然後才能逐漸取得共識，並最終建立起其所期望的企業文化。這是一個漫長而曲折的過程，不僅需要所有成員一邊相互瞭解母公司原有的企業文化，一邊學習和接受全新的文化建設內容，而且也需要一邊積極工作、一邊不斷地進行文化溝通並消除相互之間的一切障礙，從而為企業文化建設做出各自的努力和貢獻。

而為企業文化建設做出各自的努力和貢獻。

　　就跨文化企業內部建立自己特有的企業文化這一過程而言，一般遵循如下步驟：文化接觸、文化選擇、文化衝突、文化溝通、進一步選擇、文化認同、進一步溝通，最終形成企業文化，因此週期長、過程複雜，且成本高是跨文化管理的公司建立自己的文化所必須付出的代價（如圖4-1所示）。

圖4-1：企業文化建立的過程

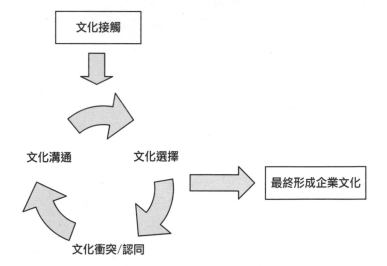

跨國人資管理實戰法則

事實上，在創業初期，跨國企業會試圖維持母公司文化在海外子公司的影響力，例如，在策略與控制的決策上，非常典型地看出以母國為中心的影響。高階管理職位上，也通常保留給母公司的國民，以確保母公司對子公司能有效地控制。然而長期下來，由於龐大的派外人員成本的負擔，及當地員工工作能力被逐漸地培植，此時跨國企業開始認真思考由當地經理人取代派外員工的可能性，而也同時注意，所需要在組織管理上的貢獻與控制的問題。

母公司文化與地主國文化的調適

從母國中心觀點的認知，對於策略管理及子公司控制而言，本土化政策是一項相當複雜的過程，沒有從母公司派駐的經理人員，則與子公司的溝通及控制就不只是單純的地理上的距離，更是文化差異上的距離。而這樣的結果，很可能會造成組織效能嚴重的衰退，因此，如何通過文化上的同化或調適，以達到預期的控制效果，變成一個重要的課題。經過文化的調適，跨國企業母公司文化在地主國分支機構表現模式有以下幾種：

（１）母公司文化主導：不顧當地文化的情況，完全以母公司文化為主，子公司的外方管理人員首先保持高度一致，以整

個公司崇高效率為最高原則。這種模式可以減少許多管理成本，但這種文化在多大程度上能被當地員工所認同，以及由誰來與當地員工有效溝通，將成為管理中面臨的問題。

（2）當地文化主導：跨國企業以當地文化作為主導，完全因地制宜，完全回應當地，不顧母公司文化，而完全採用當地文化作為子公司的依據。此時，如果文化差異過大，子公司與母公司容易產生分崩離析的問題，這部分在前面也提到許多案例。如果採取這種文化，則派外人員到當地必須盡快地適應這種文化，否則極易給公司管理造成動盪。

（3）文化合作：對文化差異較大的國家，母子公司雙方保有各自的文化，而在子公司的管理上，同時共同存在兩種文化模式。這種模式容易產生對外的不一致性，母國管理者的主要任務就是與當地管理者加強合作，其主要的手段就是溝通，否則就會造成管理上的混亂。

（4）文化融合創新：以母公司企業文化為優點，結合當地子公司的發展特點，創造其獨特的企業文化，員工以這種文化為準則，自覺地規範自己的行為並以此作為公司發展的動力。在這種文化模式下，企業文化的創新和貫徹就顯得尤為重要。

跨國人資管理實戰法則

圖4-2　跨國企業子公司文化的表現形式

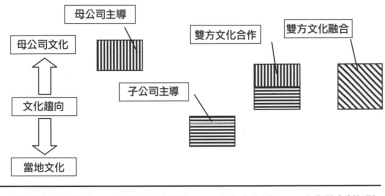

 **百寶箱 4-3 ：評估跨國企業跨文化融合模式**

　　透過以下的問題，來引導您思考貴公司的跨文化融合模式，會比較符合公司實際情況，以及未來應發展的策略。

問　　題

1.目前貴公司跨文化融合的模式為何？

　　□母公司文化主導　□當地文化主導　□文化合作　□文化融合創新

2.目前貴公司的跨文化融合模式有沒有問題與障礙？

　　□有　　　　　□沒有（若無問題，以下問題不用回答）

3.若有問題與障礙，那會是什麼？

　　_____

　　_____

　　_____

4.在找出問題後，貴公司未來可能比較適合的跨文化融合的模式會是什麼？

　　□母公司文化主導　□當地文化主導　□文化合作　□文化融合創新

跨國人資管理實戰法則

4-4

文化移植的融合與協調

文化移植對企業的跨國經營成功佔有重要的關鍵，但是在全球驅力與當地驅力下，母公司一方面要遵從母制，另一方面又要當地回應，此時，母公司在國際經營策略上就要平衡全球化的兩難，在於全球化整合與地方回應的抉擇，跨國企業一旦進行抉擇後，也就決定了企業的文化移植策略。

Doz and Prahalad(1987)長期觀察許多大型跨國企業，包括易利信（Ericsson）、Brown Boveri、飛利浦（Phillips）、通用汽車（Genernal Motors）、IBM、Corning Glass Works 等跨國企業，經過多年的研究後在《跨國企業的使命：平衡地方需求及全球願景》（The Multinational Mission: Balancing Local Demands and Global Vision）一書中提出，「策略能力」為「一種組織內部的能力，可以持續的覺察外部環境變化，從而發展適當回應及調動資源進行競爭」。企業達成全球化的經營成功要素，就是有效平衡地方需求及全球願景，使跨國企業的有限資源有效的調動，既能滿足遵從母制的一致性，又能具有在當地回應的彈性。

■ 在不同文化中進行滲透策略

母公司的企業文化發展環境在母國,對於各個子公司處在不同的國家文化背景下,很自然的發展出自己的文化,跨國企業若不能有效管理這些文化,則企業則會朝向分崩離析的窘境。

將企業文化整合為一致性的文化,並且是跨國企業堅持的部份,滲透到全球每個子公司去,這樣就能在既有各子公司不同文化的同時,同時擁有統一的一致性文化。德州儀器有名的「捲袖子」文化,意味著大家都捲起袖子一起努力工作,這種權力距離比較小的,在階級上管理者與一般員工較沒有差別。本田的文化強調團隊與合作,所以重視員工的培訓,以及員工的參與。這些跨國企業的文化不論在哪個國家的子公司,儘管當地文化差異很大,但都有了統一的行為模式。

圖4-3 母公司的文化滲透

　　某家跨國企業由於在設立子公司時，一開始未能將文化移植的工作做好，導致許多地區子公司地區員工的行為表現未能與母公司產生協同效果，處於失控狀態，各自獨立。當地子公司的人力資源經理是當地人，若是削減他們的權利回歸中央，或者是由母公司外派撤換他們，勢必引起當地人力資源經理的抗拒。但母公司希望能管理好子公司，於是這家跨國企業就委派一位派外人員，擔任專案經理，協助人力資源管理經理進行人力資源管理的工作。另外，將人力資源發展的工作收回中央、統一管理，透過培訓，慢慢灌輸母公司的文化精神與價值觀。這些作法比較沒有引起當地子公司的抗拒，在最後逐漸走向正軌。

■ 跨國企業的「憲法」與「地方法」

　　正如政府的法令機制一樣，跨國企業的母公司要能先明確公司的「憲法」是什麼，這部份的規則必須要控制住，是全球所有子公司必須嚴謹遵守的，達到「遵從母制」的要求；什麼是「地方法」，這部份由跨國企業各地的子公司自己根據「憲法」條文進行因地制宜的調整，以使得子公司的運作能「當地回應」，使子公司能成為具有彈性的組織。

　　當跨國企業遇到全球與當地的兩大趨力時，只要跨國企業明

確憲法與地方法的區隔，就能減少母子公司運作的矛盾。然而，跨國企業在展開跨國經營的初期，憲法本身是模糊的，因為要達到控制子公司的目的，有時需要比較集權式的經營，但當子公司慢慢成熟後，母公司孕育孵化的角色淡卻，憲法與地方法的區隔就越明顯。

在國際人力資源策略上，HP（Hewlett-Packard）兼顧了遵從母制與當地回應。HP管理原則稱之為「HP方法」（the HP Way），這是屬於母公司對於全球子公司員工的管理要求，都必須遵從開放、尊重與簡便(Informality)的理念，這使得HP員工可以團結一致。在許多國家與文化的運作中，鼓勵員工尊重與欣賞差異的企業文化，以增進公司內部的團結合作，改善生產力與員工士氣。

■ 在大框架下制定本土的遊戲規則

當海外子公司建立初期，母公司文化的移植是必要的，但隨著時間的移轉，本土化策略的展開是必然的，尤其在人力資源管理的工作上。當母公司文化在海外子公司潛移默化成功建立之後，本土化策略就能促使跨國企業必須以全球中心主義的人力資源理念，盡量招聘當地的員工與管理者，減少派外人員，並給予當

地管理者決策自主權。本土化策略必須考慮到當地情況的差異性，以便於人力資源實施時的調整。許多跨國企業維持著管理制度的統一框架，在框架下建立適應當地的規定。

　　殼牌公司建立了一種全球適用標準化的評估標準「HAIRL」，「H」是直昇機，其含意是深謀遠慮的能力；「A」是分析，其含意是邏輯分析能力；「I」是想像力，其含意是創造能力；「R」是現實，代表真實使用資訊的能力；「L」是領導，代表人員激勵的能力。

　　但是在殼牌所經營的不同國家子公司的人力資源評估標準是不同的，根據當地公司的特殊情況並結合公司的特質，制定特殊的人力資源評估標準的排序（如表4-2）。在荷蘭，「現實」的評估標準是排在第一位，但在法國、德國與英國，卻分別是想像力、領導與直昇機，這說明殼牌在人力資源評估標準上建立了統一的框架，而在此框架下，各地子公司可以根據各地的實際情況進行調整。

4-2 殼牌公司在一些歐洲國家的人力資源評估標準

人力資源 評估標準	殼牌公司所在的歐洲國家			
	荷蘭	法國	德國	英國
1	現實	想像力	領導	直昇機
2	分析	分析	分析	想像力
3	直昇機	領導	現實	現實
4	領導	直昇機	想像力	分析
5	想像力	現實	直昇機	領導

資料來源：Fons Trompenaars and Charles Hampden-Turner, Riding the Waves of Culture, Understanding Cultural Diversity in Business, 2nd edn, London : Nicholas Brealey Publishing, 1998, p.192.

　　因此，跨國企業在進行國際化歷程的時候，必須先思考什麼是公司整體的大框架，需要放諸各子公司皆準的，然後，再思考什麼是必須適用於當地特色的地方法，並依照各地的差異，進行因地制宜的調整。

■ **理念遵從母文化，執行時適當調整**

　　Bartlett and Ghoshhal(2002)在Managing Across Borders指出「管理傳承」(Administrative heritage)在全球化競爭中的巨大

威力;所謂的「管理傳承」也就是大部分人稱之「全球性的企業文化」,它的意含包括了企業中現存資產分佈的狀況,傳統上為責任分佈、工作與行為規範、價值,及管理風格。任何的全球性企業文化必須符合三個目標,就是控制、變革,與彈性。而這三項目標是因為全球化過程中的需要驅動而產生的,這些需要包括了效率(控制)、創新(變革),及回應速度(彈性)。彈性是來自全球性企業文化之一的競爭優勢,在必須迎戰競爭對手的攻擊時,快速調整當地競爭策略為全球競爭策略的能力,相對而言,將全球性文化調整以符合當地需求,是比較容易的;而將地方的回應需求調整為全球需求,則要困難的多。

在2006年的春節的初一到初三,剛開幕的香港迪士尼正面臨到遊客擠破大門的畫面。還記得在1992年法國巴黎迪士尼剛開張的情況,一直為企管界做為跨文化管理的經典案例。迪士尼(Disney)在巴黎經營迪士尼樂園時,要求法國員工遵守美國員工的服裝儀容標準,禁止男士留鬍子,要求他們修剪頭髮,要求女士穿著「合適的內衣」,不能留長指甲,這遭到法國員工的抵制,他們認為這些並不會影響工作本身,而向媒體抗議,甚至消極抵制。

從母公司的觀點來看,所有全球各地的迪士尼都採用相同的行為標準,為什麼巴黎迪士尼就特立獨行。另外,公司希望讓客

戶感受到全球迪士尼服務的品質是一致性的，標準的服務與迪士尼品牌的關聯是重要的關鍵。法國人則認為這樣的員工守則，對法國文化、個人主義與隱私是種侮辱。

這樣的矛盾迪士尼後來的作法為何？後來母公司讓當地法國人菲力普（Philippe Bourguignon）擔任總經理，採用更多本土化的作法，主題公園改名為「巴黎迪士尼樂園」，在管理制度上修改與當地文化發生衝突的部分，且推出更好服務的產品，且降低成本，後來轉虧為盈。

在這個案例中我們要說明的是，迪士尼是一個以快樂夢想為理念的知名跨國企業，假設全球的迪士尼都秉持這樣的理念，由於當地某些子公司由於文化背景的不同，對於快樂的習慣方式也會不同，若不能適時的因地制宜滿足當地的需要，則會產生問題。

因此，假如在全球子公司核心價值觀的一致性下，在執行上可以適時因應當地進行調整，以便於進行文化上的融合，完全照搬母公司的制度，也會產生問題，因此，跨國企業應該把握企業文化本質，在執行上可以做一些調整，以便於在當地具有可行性。

跨國人資管理實戰法則

▶ 跨文化融合問題

跨國企業在進行文化移植時，一方面要傳輸母公司文化進入當地子公司，一方面又要因應當地特性，而進行跨文化調整或融合。然而，跨文化衝突來自許多原因，為找出解決方案，提供以下的思考路徑，請針對以下問題實際思考貴公司的狀況。

 一、母公司與當地文化融合問題

問　　題	評　估
1.母公司文化與當地文化是否有衝突的地方？	□ 有　□ 沒有
問題出在：	
2.母公司是否了解當地子公司的情況？	□ 有　□ 沒有
原因為何：	
3.派外人員有沒有提供當地資訊給母公司？	□ 有　□ 沒有
原因為何：	
4.派外人員所提供的當地資訊有沒有詳實？	□ 有　□ 沒有
原因為何：	
5.母公司有沒有在這些詳實的基礎上進行當地子公司的經營管理決策？	□ 有　□ 沒有
原因為何：	
未來如何改善：	

二、派外人員與當地文化融合問題

問　　　題	評　估
1.派外人員與當地文化是否有衝突的地方？	☐ 有　☐ 沒有
問題出在：	
2.派外人員是否了解當地文化的情況？	☐ 有　☐ 沒有
原因為何：	
3.派外人員有沒有接受跨文化培訓？	☐ 有　☐ 沒有
原因為何：	
4.派外人員能適應當地文化嗎？	☐ 有　☐ 沒有
原因為何：	
5.派外人員能找出適合當地的管理模式嗎？	☐ 有　☐ 沒有
原因為何：	
未來如何改善：	

 ## 三、未來跨文化管理策略

管理策略	重點	未來做法
文化移植策略	1.母公司文化移植能融入當地文化，而不發生衝突。 2.母公司在子公司管理決策上不出現失誤。	
派外人員管理策略	1.如何改善派外人員適應新文化，並且使自己的能力不會受到文化差異的影響。 2.文化移植的傳遞者與跨文化融合的執行者。	

跨國人資管理實戰法則

5

>>> 人才本土化

跨國企業的本土化政策

本土化的內容非常廣泛,可能由於針對的重點不同而表現有異,強調的重點可能是採用當地技術與管理人力,採購當地原料與半成品,從事當地研發工作,或者是引進當地優秀人才。無論如何,本土化的先決條件是,跨國企業不論是生產技術調整或者是當地資源投入,都必須以當地人力資源狀況為基礎。

　　本土化有跨國企業為因應當地國家、區域的特性所進行的調整的意涵,由於企業的本土化策略與所處的國家區域有關,因此,本土化的調整活動,應以因應當地與母公司之間在歷史、文化、價值觀等差異為主,使得企業的運營活動更符合當地的要求(Wright and McMahan,1992)。在因應當地競爭或顧客需求情況下,提高子公司能夠自主決定其資源承諾的程度,例如招聘當地人才擔任管理人員的工作。

■ 跨國企業本土化的內涵

　　由於海外直接投資(FDI)在中國大陸地區蓬勃的增長,各

產業的領導廠商在中國大陸地區進行深化的投資。這些具有高度品牌知名度、企業文化鮮明的跨國企業的商業動作，對中國大陸的商業模式、企業經營以及人才市場有著一定程度的衝擊。這些現象引起中國大陸相關領域學者研究的興趣，在過去幾年中已有為數不少關於跨國企業在大陸地區經營模式本土化的研究文獻，從另一個觀點貼近的觀察正在進行的變革發展。

　　許多跨國企業在中國大陸執行本土化策略，其內容包括：

1. 產品本土化：如寶潔（P&G）的飄柔、玉蘭油（Olay），上海通用汽車的賽歐系列。都是根據當地消費者需求推出且大獲成功的產品。

2. 銷售管道的本土化：例如柯達快速彩色連鎖店計畫，就是透過快速開店建立品牌知名度，以獲取市場的成功模式，成功地擊敗富士軟片，成為中國第一的品牌；廣州本田的自營授權直銷店建立銷售網絡，提供消費者銷售維修、檢驗、保養四位一體的獨特服務，使雅哥車系穩居暢銷排行榜。

3. 管理人員本土化：諾基亞在中國地區擁有5000名員工，其中90%以上為當地員工；摩托羅拉當地管理人員的比例則從1994年的11%（12人）上升到2001年的72%（528人）。

4. 研發本土化：跨國企業在中國已設有一百多個研發中心，其中具有規模的有四十個，包括杜邦、微軟、英特爾、IBM、通用

汽車、愛立信、摩托羅拉、寶潔、聯合利華、朗訊、阿卡特爾
、索尼與諾基亞等,都在中國地區設立獨立的研發中心。

5. 製造本土化:過去在中國的製造定位是以低價勞動力為基礎的
初級產品生產基地,目前已轉向低成本與高科技含量,朝高附
加價值的方向轉變。

■ 歐美跨國企業的人才本土化

由於跨國企業在中國地區本土化的趨勢近幾年益加明顯,使
得跨國企業的母公司文化在面對具有悠久化背景的中國籍員工,
有著強烈的文化衝擊。但是從跨國企業的外派員工數目的日漸減
少,高階管理職位陸續由當地員工出任,顯示母公司文化在傳輸
過程有著一定程度的有效性。

據德勤會計師事務所CFO雜誌進行的一項國際商貿調查顯示
:人才本土化已經成為跨國企業發展的必然趨勢,在接受調查的
680家分佈在亞洲、美洲、歐洲的公司中,只有26%的公司高級職
位主要由外方人員擔任,而40%的公司說它們的高級職位將主要
由本地人員擔任,另有34%的公司說它們的高級職位將由外方人
員逐漸過渡到由本地人員擔任。調查顯示本地化的趨勢會繼續,
1/3的公司計劃減少目前由外方人員擔任的高級職位,這在製造

跨國人資管理實戰法則

業、零售/批發業、銀行/金融業和電信業尤其突出。

　　南開大學國際商學院「公司治理課程題組」針對跨國企業在中國地區的公司治理狀況，進行了一次全方位的調查。其受訪對象包括許多國際著名的跨國企業，如摩托羅拉、可口可樂、百事可樂、Honeywell、Yamaha、松下電器、瑞士雀巢，韓國三星、德國大眾......等。調查顯示：隨著事業的發展，愈來愈多的企業推行人才本土化策略，部門經理大多改由中方人員出任。摩托羅拉中國公司1997年僱員有5萬人，其中中國雇員1.47萬人，外籍僱員300人，1999年外籍僱員減為150人；諾基亞在中國擁有員工3500人，其中本地員工佔90%以上；中德合資企業SK公司成立之初，德方母公司在全球招聘了6名高級經理人員，成功運作兩年後，除總經理外，外方高級人員全部撤走，所有中高級管理人員全部由中國人擔任。

　　中國惠普，每兩個月會派駐兩個中國本地的部門主管到美國體驗生活一段時間，跟著美國的主管一起開會、訂計畫、跑客戶等，實際上就是希望透過環境的變化，來改變觀念，也就是說儘管這些人外表是中國籍員工，不過內部已經換成國際化了，那時候他們與外國管理者其實已經沒有區別。

　　SAP(中國)則提供大量的培訓與教育，培訓的項目從技術培訓過渡到管理培訓，讓他們的員工在有指導的前提下，不斷增長

技能與經驗。Novell諾維爾(中國)則常常提供中層經理人出席國際會議的機會，參加跨國企業的全球性國際會議，不僅要瞭解美國人，可能還要瞭解澳洲人、印度人等的行事風格，這是文化學習的重要過程。

微軟(中國)，對於本地人才的培育是給允許多機會瞭解母公司的運作方法，並且充分授權，創造一個自由發揮的空間，階段性的參加適當培訓，更重要的是，在工作中培養和給予指導。

■ 中國人才本土化的限制

由於跨國企業在中國地區的本土化的情況，「管理移轉」的現象已經變成外資企業在中國地區主要的計畫項目。

管理移轉指的是將外派人員的經驗技術、企業文化移轉至當地員工的過程管理。例如聯合利華(中國)宣佈在三年內要削減80%的外派人員(Financial Times, 1999)，相同的，韓國LG集團宣稱要在2001至2005年全面地在中國地區各單位推動本土化政策。許多的學術期刊支持這樣的決策，認為以當地經理人員取代外派員工，對企業營運具有正面的效益。特別在1999亞洲金融風暴之後，更加大外資企業在中國地區推動本土化的壓力，各大企業無不加速本土化的進行。

跨國人資管理實戰法則

但是跨國母公司希望實現的快速本土化的理想，在中國地區受到三項要素的限制，使得快速本土化受到阻力。跨國企業在中國地區本上化的速度，取決於以下三項要素的處理狀況：包括現實環境因素的考量、文化因素，以及策略面向（Gamble, 2000），分別說明如下：

1. 現實環境因素考量

在實際環境中，中國大陸雖然人力豐沛，但人才不足，當地缺乏管理人才，這使得人才本土化的困難度加劇。在大陸的企業一方面成長快速，但人才的養成確不是一蹴可及，尤其目前技術與管理能力方面的人才還是很缺乏，在對外招聘的人才無法補足的情況下，培訓就成了人才來源的重要方式。

2. 文化因素

文化差異造成本土化具有必要性，但又因這樣的因素而使母公司與子公司在管理上的隔閡。大陸員工普遍沒有忠誠度，並且喜愛比較薪水，要留住他們也頗不容易。例如某家台資企業一直困擾的是，公司的當地人才如何留得住，由於這家公司是屬於高

科技公司，人才是公司經營成敗的關鍵。然而，目前來應徵的員工卻又開價頗高，這是因為大陸員工在預期薪資方面，普遍以博奕論的心態在叫價，叫的薪資越高，若同意被錄用，那就賭贏了，而不是以一種市場應有的行情來訂定預期薪資。

3. 策略面向

應視派外人員為長期投資，因為中國的經營環境複雜，又非常重視人際關係，頻繁的人員調動會破壞這樣的經營優勢。某台資企業的派外人員，由於兩年一任，派外人員比較沒有長期待在大陸的打算，底下的員工也認為反正兩年後就換主管了，以致派外人員推行的政策效果往往打了折扣。

跨國人資管理實戰法則

5-2

人才本土化是跨國
經營的趨勢

隨著跨國經營時間的長短，代理問題的焦點也有所轉移，跨國企業母公司的用人政策也會有所不同。在跨國企業的經營上，海外子公司管理人員的安排選擇，有從母公司人員中選擇外派、在當地招聘任用，與選用第三國籍人員擔任等三種主要的方式。

　　大體來說，跨國企業初期為了對新設立的海外子公司實施控制與溝通，在海外子公司管理人員的安排選擇上，多以母公司派外人員為主，然後才開始進行人才本土化，其主要考量因素就是要降低母國外派管理人員的成本。

■ 派外人員面臨到的問題

　　由於在海外設立子公司的初期，貿然使用當地人員的代理成本較派外人員為高，使得跨國企業為加強對子公司的控制，而以母國派外人員進行海外公司的管理。然而，這樣的投入成本是比較高的。一個母國人員的派外任務必須經過公司投入大量經費，進行較長時間全面且深入有關當地國知識的培養。許多學者指出

，跨國企業在發展初期，一般會採用母國中心主義的做法，當地國的主要管理人員多半以母國人員為主。但隨著公司營運範圍的擴增，派外人員投入的成本與績效會逐漸受到挑戰。派外人員不僅薪資津貼高於當地員工，而且還有派外失敗、海外適應、家人適應、流動率高及返國就業等問題，這與培養當地人員擔任管理者相比較之下，使得跨國企業採用派外經營成本明顯較高。

■ 人才本土化的概念

「人才本土化」（Talent Localization Strategy）意指為在當地國（Host Country）的外資企業引用本地人才的傾向，在量化的衡量指標為本土籍員工在公司員工中所佔比例，或是以本土籍員工在公司中高層人員中所佔比例。更深一層的涵義是在公司的文化層面中，跨國企業是否更尊重當地文化與員工，企業對當地人才的吸引力與培訓的強度，以及人才本土化後如何給企業帶來在經營策略上的效益。對本土員工而言，人才本土化象徵著企業用人唯才，不因個人國籍上的不同而有玻璃天花板（Glass Ceiling）的問題，使得當地人員能在跨國企業中看到發展的機會，進而為公司努力來創造出更好的績效。

雖然研究人才本土化的學者較少，但從學術研究的潮流而言

跨國人資管理實戰法則

，人才本土化的議題在中國大陸逐漸成為關注的焦點。根據在中
國大陸權威的期刊資料庫中搜尋的資料顯示，從下表中我們可以
瞭解，人才本土化的議題從2000年以來，在中國期刊網關鍵字出
現次數逐年增加，到2002年達到頂峰，達19次之多（如圖5-1）
，因此，人才本土化議題逐漸為學者所重視。

圖5-1 人才本土化相關名詞關鍵字出現次數

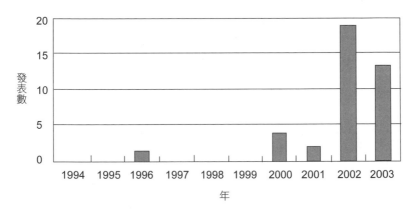

■ 上海人才本土化趨勢研究

　　人才本土化在大陸的趨勢，以上海地區的跨國企業有關人才
本土化為例，許多個案與觀察研究都表明，人才本土化是在臺跨
國企業在國際人力資源策略的趨勢。從國際化歷程與在臺設立期

間這些因素，用回歸分析來檢定它們與派外人員數量之間的關係，來看看人才本土化呈現何種趨勢上的變化。

（1）國際化歷程與派外人員比例的回歸分析

國際化歷程可分成四階段，分別是進入期、成長期、擴張期與整合期（Crub，1991）。我們用回歸分析國際化歷程與派外人員比例的關係，發現國際化歷程與派外人員比例存在著負向關係（β＝-0.031055，P＜0.05），意涵著隨著國際化歷程的發展，派外人員人數呈現下降的趨勢，然而，由於β值較小，代表著下降幅度的速度較為緩慢，說明人才本土化是一種循序漸進的過程（參照圖5-2）。在圖5-2中，細線代表觀察值，而粗線代表者回歸曲線，起初觀察值的差距較大，但隨著國際化歷程的漸漸推進，觀察值的差距慢慢收斂，並呈現緩慢下降的情勢。

跨國人資管理實戰法則

圖5-2　國際化歷程與派外人員比例之關係

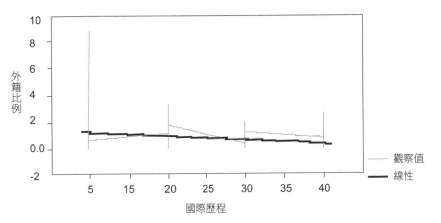

　　設立期間與派外人員人數的線性回歸分析後，發現設立期間
與派外人員比例存在著負向關係（β＝-.002718，P＝0.1193）
，意涵著隨著設立期間的發展，派外人員人數呈現逐漸下降的趨
勢。與圖5-2相似，在圖5-3中，細線代表觀察值，而粗線代表者
回歸曲線，起初觀察值的差距較大，但隨著設立期間的增加，觀
察值的差距慢慢收斂，並呈現緩慢下降的情勢。

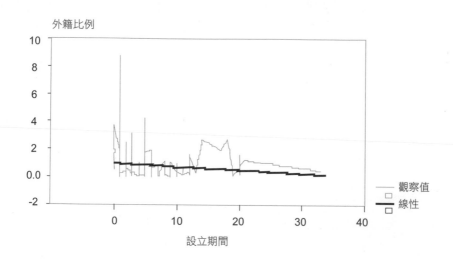

圖5-3　設立期間與派外人員比例之關係

綜上所述，就企業經營長期的觀點，人才本土化已成為跨國企業國際人力資源管理的趨勢，在派外人員比例的變化，發現「國際化進程」與「設立時間」，對派外人員比例呈現反向關係。這說明在上海跨國企業隨著來華設立時間越長與國際化進程較成熟時，派外人員比例遞減。然而，這樣的遞減速度是相當緩慢的，我們可以由其相關係數來判斷，在上海跨國企業的人才本土化是循序漸進，這可能是因為當地人才的培養與文化移植是一種較為漫長的過程，以至於減緩人才本土化的速度。

跨國人資管理實戰法則

雖然跨國企業在當地子公司的經營，面臨到人才本土化的驅力，但跨國企業必須要知道，在人才本土化之前，必須先將文化移植的工作做好，否則文化移植工作若沒做好，一旦人才本土化後，放出去的權力收不回來，就會產生許多問題，因此，人才本土化是跨國企業文化移植最後的過程。

母公司的文化移植到本土化策略

當跨國企業進駐到海外子公司，倘若沒有一套母公司的管理制度與文化導入海外子公司，則可能子公司會獨立自主產生出一套制度與文化，使母子公司雙方格格不入。有許多跨國企業在母公司制度與文化尚不健全時，就開始進行人才本土化的進程，使得子公司在後來經營理念上與母公司漸行漸遠，因此，當跨國企業在多方面進入海外子公司時，必須先建立母公司的制度與企業文化的工程，然後再大軍揮進國際舞臺較佳。

然而，在海外子公司建立初期，母公司文化的移植是必要的，但隨著時間的移轉，本土化策略的展開是必然的，尤其在人力資源管理的工作上。本土化策略促使跨國企業必須以全球中心主義的人力資源理念，盡量招聘當地的員工與管理者，減少派外人員，並給予當地管理者決策自主權。

■ 全球化與本土化的兩難

全球化的企業都會遇到一項兩難，就是在抉擇全球性資源整

合及當地回應壓力時，必須面臨的衝突。全球化可以發生規模經濟的效益，而且標準化的管理可以降低經營成本，然而卻容易因為無法滿足當地市場的需要，或違反當地法令，而產生經營風險。本土化就有符合當地市場的優點，但母公司容易無法掌握子公司，並且產生較多的管理成本。

全球化與本土化就好像是跨國企業的兩難（Rhinesmith, 1991），有得必有失，又很難兩全其美。全球化促進資源整合，可以幫助企業達成更好的綜效，使公司的資源朝向同一方向，強化經營的能力；又因為其經營壓力主要來自於國際性客戶重要性增加、多國競爭對手的出現、以及對新技術的投資強度的決定，這些因素導致跨國企業朝向全球化的模式運作。相對於地方回應的多樣性，能使跨國企業更具有當地特色，導致地方回應的壓力在於不同的客戶需求、日益增多的顧客拒絕使用標準化、同質性之全球化產品，以及地主國政府要求企業對當地進行投資。

本土化的壓力影響跨國企業。跨國企業本土化的內容可以包含產品本土化、製造本土化、人員本土化、研發本土化與資本本土化（例如：上市或當地銀行借款）。跨國企業在新興市場的本土化，受到四個關鍵因素驅使：

(1)本土化可以協助外籍企業克服語言障礙，及拓展人際與業務的關係網絡。

(2)展現中央及地方對當地國的投資承諾。

(3)降低派外人員成本。

(4)在全球化的浪潮下，經營哲學朝向「全球思維，地方行動」（Global Thinking, Local Action）的理念發展。

然而，我們應該認識到，跨國企業進入當地國市場是由全球化所驅動的，而本土化只是跨國企業全球化的副產品。全球化使跨國企業超然於國別市場之外，成為國際一體化生產的組織者，而本土化則淡化跨國企業的全球色彩，使跨國企業更像一個當地企業。例如：明碁在中國大陸朝向本土化是不餘遺力，它在蘇州廠成立員工的足球社團，因為大陸人熱愛足球，不像台灣人較熱愛棒球，在中國大陸很難看得到棒球場。由於這些本土化的作法，使得明碁在中國大陸形象良好，且一度成為大陸高校（大學）學生心目中理想求職的十大企業之一。

然而，本土化時還是須考慮到遵從母制與當地回應的問題，最好的方式是如何平衡這兩項驅動力。雖說母公司希望有一套統一的管理制度標準，但在人力資源管理本土化策略必須考慮到當地情況的差異性，以便於人力資源實施時的調整。

跨國人資管理實戰法則

■ 人才本土化如何提升企業競爭力

　　人才本土化是否已經成為在臺跨國企業的最終歸宿，需要考量在全球化的商務環境中國際人力資源策略的選擇。人才本土化本是國際人力資源策略的一種選擇，因此，透過國際人力資源策略選擇的討論，可以更清楚在臺跨國企業對於人才本土化的考量。

　　外在競爭環境的變動劇烈，促使企業組織必須更有靈活性加以因應，才能把握市場的脈動與因應環境所帶來的變化。當技術資本密集的優勢不能替組織創造無法替代的組織核心能力時，人力資源所帶來的獨特能力就成為企業組織致勝的關鍵。企業組織透過員工才能的累積與發展，以利於組織能近一步發展出核心的競爭優勢。

　　隨著商務環境全球化的發生，使得跨國企業的經營模式更為可能，人力資源也隨之成為企業建立核心能力的稀缺資源。人力資本的配置比財務資本配置更為重要的理由是人力資源是持久競爭力的來源。因此，企業在跨國活動的經營上如何進行有效的人力資源的全球配置，需要國際人力資源策略與企業策略相互連結，以獲取全球跨國經營的持久競爭優勢。人才本土化的國際人力資源策略是否實施以及如何實施，必須要檢視跨國企業本身

的企業策略，然後根據企業策略來發展，並且以此建立公司的核心能力來完成企業策略目標。

■ 聯合利華的人才本土化

　　以聯合利華（中國）的人才本土化為例，他們認為：「只有倚靠那些有能力運用聯合利華國際經驗的本土員工，才能達成滿足全球各地消費者不同期待和需求的目標。」在此理念之中隱含著聯合利華的企業策略是要發展中國大陸本土市場，而他們所面臨的客戶正是中國大陸本地的消費者，公司的國際人力資源策略是要發展人才本土化。因此，聯合利華在中國大陸公司積極招聘與培養本地人才，從而建立能快速當地回應的組織能力，以便能支援進攻本土市場的企業策略。

　　目前聯合利華在中國大陸的子公司直接聘用4000多名員工，管理層中97%是中國大陸人，外籍員工的人數已由1988年的100多名降為30多名，並且希望聯合利華最終是由中國大陸人領導在華業務體系。

　　跨國企業在跨國經營時，面對著不同國籍背景的顧客與員工，這對跨國企業而言，是一種挑戰─就是必須面臨多元文化管理的問題，也是一種轉機─利用多元文化創建公司跨國經營的優勢

，這需要企業經理人思考一套有效的國際人力資源策略。以人才本土化或多元化作為國際人力資源策略必須配合企業策略，來建立企業內部的核心能力。因此，無論是怎樣的國際人力資源策略人才本土化或人才多元化，都必須跟隨國際企業策略來擬定，以打造組織的核心能力支援策略的達成。

跨國企業當地子公司
發展階段的調整

人才本土化不應只代表著外籍派外人員的人數減少,更應該強調的是調整公司的人才組合,使公司的人才能發揮本土優勢,以便能適應當地經營環境與市場情況的需求,提高跨國企業在當地經營的績效。

■ 人才本土化考慮的因素

跨國企業的當地子公司在推行人才本土化的同時,應該考量到以下幾個因素,以使人才本土化對公司整體的效益達到最佳化。

1. 環境因素

由於組織外部的環境因素,所影響人才本土化的成因。例如:中高級勞動市場的成熟、當地政府的壓力、競爭者當地人才的

爭奪、以及當地人才素質的提升等,都可以做為推進人才本土化良好的外在條件。

2. 組織因素

跨國企業內部組織的因素也會形成推進人才本土化的因素。例如:國際經營策略朝向當地回應、組織調整的部門更大地面向當地客戶和供應商、國際人力資源策略傾向本土化等因素,都是促進人才本土化的成因。

3. 職位因素

由於職務本身的需要,由當地人員來擔任此職務會更為適合時,此時就可以促進人才的本土化。

4. 人選因素

有適合的人選來擔任被本土化的角色時,跨國企業母公司在權衡的考量之下,將其原有的外派人員職務,由已有能力的當地員工擔任。

人才本土化必須與母公司與子公司的人力資源管理平臺相結合，以求能適才適所，發揮本土化最佳的效益。人才本土化一直是跨國企業關注的發展方向，隨著時間的演進，本土化程度的不斷加深，組織的發展影響了個人的發展，派外人員與本土人員的生涯發展也必須調整。因此，跨國企業應該對於派外人員與當地人員進行有效的生涯管理。

　　當跨國企業實施人才本土化的同時，子公司內部的母公司派外人員與當地員工該如何發展，以配合跨國企業人才本土化的歷程。根據上述三種人才本土化的歷程模式，可分別依母公司派外人員與當地人員情況，歸納出以下三種子公司的員工發展方向。

1. 派外人員本土化

　　派外人員擔負著母公司與子公司之間溝通的橋梁，也就是扮演母公司文化的傳譯者，並且還需要向母公司傳遞子公司的訊息，因此，派外人員對母國與當地國文化都必須有深入且正確的瞭解。為加速他們本地化，透過跨文化培訓使派外人員能更有效地適應與瞭解當地。

　　派外人員學習子公司當地文化確實對其工作績效有所助益，根據一些學者的研究指出，對派外人員詳加介紹當地國文化，以

及當地國環境的講解,有助於派外人員與家人適應當地文化。特別是當一些不同文化所引起的突發狀況,跨文化的培訓能夠加強他們在這方面的應對。

　　跨文化培訓對派外人員而言是非常重要,它是一種加強能力、減少文化衝突與跨文化適應的方法手段,同時也是派外人員能夠有效進行跨文化互動的利器。派外人員在海外適應與否會影響到其是否能完成任務和獲得良好績效的重要成功因素。一個海外適應良好的派外人員,其派外失敗的可能性是較低的。因此,如何提升派外人員在海外的適應能力成為跨文化培訓重要的目標和使命,透過派外人員的跨文化培訓,提升派外人員適應當地的能力,減少文化衝突,是派外人員在海外工作重點之一。尤其是當公司朝向擴展人才本土化的模式,對於那些長期不能回國定居的派外人員而言,個人的本土化更是重要。

　　對於派外人員而言,當地國的文化衝擊是在派駐後直接面臨的一大挑戰,如何能適應新的環境,並能融入當地,以減少文化衝擊對自身派外任務的影響。除此之外,隨著子公司管理職務慢慢轉移給當地人員,派外人員應該提升自己的職能,並適時授權給當地人員,使他們能力有所提升,以完成子公司人才本土化的目標。

2. 本土人才國際化

　　許多跨國企業透過設立「培訓中心」或「管理學院」來培養當地人才國際化，以便推進人才本土化的進程。例如：摩托羅拉設立了摩托羅拉大學，開設通訊技術、工商管理、市場營銷等專業，每年該公司都要挑選一批大學生進行培訓，學習有關業務知識及公司的企業文化，在1994年為加快實現管理人員本土化目標，設計了適合中國大陸員工的「中國大陸強化管理培訓計畫」（CAMP），經過幾年的加強培訓，目前以培養出100多名人才，這使得公司管理人員本土化程度不斷提高，中國大陸公民的管理人員比例從1994年的12人（占所有管理人員12%）上升到2001年的72%（528人）。易利信在北京建立中國大陸易利信管理學院，開設通訊技術、工商管理等相關課程，每年都要從學院中選拔優秀學員到易利信在中國大陸的各子公司。

　　三洋電機是一家日本籍企業，設立於廣東蛇口，董事長新保克司認為：「人才是企業發展的活力泉源，外資企業到中國大陸辦企業，管理人才本土化是成功的大前提。只有根據中國大陸的國情，依靠中國大陸員工實施本土化管理，讓本地的優秀人才參與各種管理活動，並不斷提供機會提高這些人才的管理能力，公司才能充滿生機與活力。」三洋中國大陸有限公司在2000年本地

跨國人資管理實戰法則

員工約4500人，其中，中高層經營管理幹部104人，基層督導301人，公司每年選派廠長級、主任級幹部去日本三陽研修中心接受訓練。

3. 派外人員升級化

當派外人員完成國外任職後，跨國企業通常會將派外人員召回母國，少數情況則派遣到另一個國家。對於大多數的派外人員，最擔憂的是派外工作是否會造成對其職業生涯發展的影響，以及重新對於新工作與環境變遷的再適應。當跨國企業進展人才本土化的同時，即代表母公司的外派人員將被取代，因而造成這些外派人員的憂慮與反感，但倘若是在進行人才本土化的同時，提升他們的工作能力，並輔導他們的生涯發展，使他們能更樂意配合公司人才本土化的政策。

有些跨國企業在派外人員出國前，由母公司預先安排一位在其將調任海外子公司有派外經驗的經理人作其導師（**Mentor**），事先將此員工資料送至此經理人手上，並與母公司連繫，以便該員在派任後，此經理人能擔任其導師，並能迅速提供教導和必要的幫助。

例如：美國**AT&T**公司對於派外人員的師徒制成效良好，每

一位派外人員都有一個相當於副總裁級別的導師，派外人員的國外表現都必須向導師報告，關於派外人員的生涯發展計畫也可以和他討論，派外人員的任何職位變動，導師皆可向總公司表示意見，並且為派外人員的生涯規劃提出建議。這樣派外人員有了明確的組織層級生涯發展計畫，師徒制可作 計畫晉升派外人員的應用。

AT&T公司不僅在事先讓派外人員知道將被派遣的目的地、為什麼去、怎麼去、什麼時候去，同時也安撫派外人員未來更好的前景，派外職務會較原來的職務更好，以增加派外人員的動機。當當地國子公司人才本土化實施後，調回派外人員時，導師也早已替他安排好新前程。

圖5-4 跨國企業當地子公司發展階段的調整

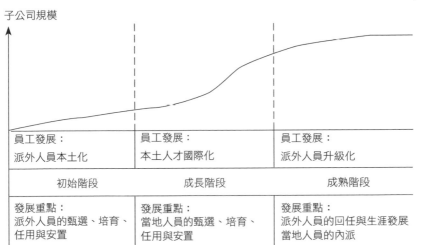

子公司規模

員工發展： 派外人員本土化	員工發展： 本土人才國際化	員工發展： 派外人員升級化
初始階段	成長階段	成熟階段
發展重點： 派外人員的甄選、培育、 任用與安置	發展重點： 當地人員的甄選、培育、 任用與安置	發展重點： 派外人員的回任與生涯發展 當地人員的內派

5-5 文化移植是複製競爭力的最終手段

倘若跨國企業能完成文化移植的工作，將母公司的文化傳遞給子公司員工，使子公司人員與母公司的價值觀相同，並進行人才本土化，讓子公司的員工行為準則與母公司一致，這樣的話，跨國企業的海外經營就能進行有效管理，並能適時回應當地的情況，適度的授權，這樣才算將母公司的核心競爭力轉移給子公司。

核心競爭力的價值內涵，除了技術本身以外，員工是否能有符合核心競爭力的價值觀與文化思維，否則，母公司只對子公司輸出技術，卻沒將核心價值觀移到子公司，不能算將母公司的核心競爭力複製到子公司。

■ 核心競爭力精髓的移植

跨國企業要使各地子公司維持一致性是一項重大的挑戰，尤其是經營點遍佈全球的跨國企業。舉例來說，某家跨國企業是處在一種變化快速的高科技產業，該公司的文化強調創新學習，以隨時適應產業產品的變化。該公司研發出許多的專利產品，是因

為母公司的創新文化使每位員工都隨時在學習與求新求變。倘若只將某些技術教會了公司員工，則子公司還是不會創新，因為文化沒有移植過來，這使得子公司在當地可能沒有母公司的核心競爭力，進而無法跟當地競爭對手抗衡。另外一家服務業的跨國企業，最強調「快樂服務心」，也就是將員工的快樂傳遞給顧客，但是子公司的員工，卻只學習到服務的流程與技術，但沒學到快樂的精髓與價值觀，微笑變成了一種形式，這樣世界各地的客戶就不能感受到一致的服務品質。

海尼根（Heineken）啤酒的釀造與裝瓶作業，在全球一百二十個地區作業，跨足世界五大洲，這些地方包含許多不同文化背景的員工，不論這些人身在何地，都要不斷的維持產品的一致性。

■ 全球員工的行為一致性

一致性的行為是支持全球產品一致性的要素。跨國企業採取文化移植的模式，進行培訓，建立各地員工共同的價值觀與共通的溝通方式，並使得員工彼此之間能更有效的互動。

雀巢（Nestle）公司是一家知名的跨國食品公司，公司擁有近五百家工廠，二十多萬名員工在全球各地，為了維持一致性，

公司明確定義出適用於全球雀巢公司的經理人需要具備的特質，並要求所有員工追求務實、謙遜與高品質的產品。

美林證券（Merrill Lynch）在全球各地擴張營運據點時，則在傳輸母公司文化的工作上非常用心。該公司希望以公開誠實的作業模式作為訴求，來突顯美林與其它同行的差異。每當美林在海外成立據點時，就將當地人才送往母公司的培訓中心，他們所學習的不單只有作業程序，還包括企業的文化價值觀。美林在各地的辦公室都有一張牌子，用當地的語言寫著：「廉潔－公司的名聲比盈虧更重要」。

■ 子公司對母公司文化認同

若是跨國企業全球的員工若能都認同母公司文化，則各子公司的員工都能以公司而自豪，對於沒有進行文化移植的子公司員工，對母公司的認同度勢必不高，這樣整個跨國企業的整體管理模式就會產生影響。

沒有文化移植就進行人才本土化，會使得未來的跨國經營上，出現管理上的危機。子公司員工對於母公司的行為理念不能接受時，或不能深切的認同時，母公司的指令就不能被子公司員工所信服，此時，容易出現管不動子公司的情況，而使得跨國經營

跨國人資管理實戰法則

出現危機。

■ 文化移植複製企業競爭力

　　許多企業在移植競爭力到海外時,首先重視的是技術移植,就是跨國企業將母公司的核心技術轉移到海外子公司,同時將企業在國內的競爭能力移植到海外,但是有些跨國企業在移植技術時,企業文化卻未能同步移植到子公司,而產生日後經營管理的問題。

　　90年代一項有關美國籍跨國企業全球化活動的研究顯示,這些企業在全球化的活動中面臨的主要問題不在於發展全球化策略,而在於發展能夠導入全球性策略的組織能力。另一項麥肯錫企管顧問公司的研究顯示,企業不論國內或國際上,只有20%的企業能夠成功的實踐原先規劃的策略,相反的,有80%的企業在策略導入過程中失敗。而這樣的現象,使得面對變革成為常態的企業,在經營上益發困難。

　　在實務的觀察中,大部分的台灣企業國際化的經驗都很粗淺,對管理制度的移植、經驗文化的傳承,在應用於中國海外地區的營運管理上,許多都在試誤階段,很難或無法複製企業依附於企業文化上的核心能耐。

相對於西方跨國企業而言，雖然中國地區也是一個陌生的且文化距離遙遠的國家，對於在這樣的環境建立營運據點，也需要經過摸索與嘗試錯誤，但是畢竟過去擁有多年國際化的豐富經驗，在實務上已有一套既成模式可以參考運用。許多跨國企業在跨國經營的操作上，除了重視可看見的技術移植外，更重視看不見的文化移植。

　　因此，跨國企業文化移植的過程雖是一種漫長的過程，但是這是跨國企業必須走的一條道路。畢竟競爭力的複製，除了表面的技術移植外，更重要的是透過文化的移植來傳遞跨國企業的競爭力。

跨國人資管理實戰法則

▶ 跨國企業人才本土化問題

1. 子公司在當地是否是受歡迎的企業？若是的話，為什麼？不是的話，有何問題需要改進？

2. 子公司內部是否有一套很好的培訓制度來提升本土員工的能力？並讓他們了解母公司的文化？

3. 子公司的管理模式是尊重當地員工？任用員工是不分國籍的？

4. 子公司內部是否有合適的人選（具有能力且受母公司文化薰陶）可以接班？

5. 貴公司的全球員工行為具有一致性？還是朝向多元性發展？

6. 貴公司是否已經規劃好人才本土化的進程？

7. 貴公司是否有一套派外人員派外與回任歸國的培訓與協助計畫？

8. 貴公司是否已經計劃如何協助母公司派外人員如何提升自己，或找到自己職涯規劃的第二春？

9. 文化移植是否是成為貴公司複製競爭力的關鍵因素？

奧美集團跨國
企業的案例

6

6-1

Chapter 6

奧美集團的企業文化

奧美於1948年由「現代廣告之父」大衛‧奧格威(David Ogilvy)在美國紐約始創的一家廣告公司。如今,奧美已成為一個全球性的國際集團,為眾多世界知名品牌提供專業性的策略顧問和傳播服務,如廣告、顧客關係行銷、公共關係、互動行銷、促銷和視覺管理等。奧美隸屬於WPP集團,WPP集團旗下擁有60餘家傳播服務公司,包括智威湯遜、偉達公關、奧美公關、Willward Brown Research International、傳立、Enterprise IG等,這使得奧美有機會與這些業界同行分享一系列的頂尖傳播資源。

目前,奧美在全球100個國家和地區設有359個子公司和辦事機構,並擁有10,000多名富有才幹和創新思想的專業人士。

奧美將自身的管理文化及本地的資源結合起來,在幫助客戶保持其國際品牌一致性的同時,提供其發展所需的傳播策略。在過去的五十年中,奧美幫助許多著名的跨國企業建立了他們的知名品牌,其中包括美國運通、福特、殼牌、芭比、旁氏、麥斯威爾以及近期的IBM、摩托羅拉、聯合利華和柯達等。作為世界

跨國人資管理實戰法則

十大傳播公司之一，奧美在2000年的營業額達88億美元。在亞太地區，奧美已開展業務長達30年，並在亞太的17個國家中設立有一百多個子公司和辦事機構。隨著中國市場的開放，奧美開始了在中國的業務。早在1979年的3月15日，隨著中國對外開放之潮，奧美就在上海《文匯報》上為雷達表品牌刊登歷史性的第一個報紙廣告。

也正因為此，奧美於1986年率先進入中國大陸，以成為中國最大的國際整合傳播集團為遠景，專門提供品牌服務。1991年，奧美與中國最大的國有廣告公司上海廣告公司合作，成立了中外合資上海奧美廣告有限公司。目前，奧美(中國)已在北京、上海、廣州、福州、香港以及臺灣等地，擁有超過2,000名專業員工，為眾多本土及國際的著名品牌，提供全方位專業服務和策略諮詢，包括為客戶提供廣告、公共關係、顧客關係行銷、互動行銷、電話行銷、視覺管理、市場調研、促銷規劃和美術設計在內的全方位傳播服務。現今它在中國的主要客戶包括IBM、摩托羅拉、寶馬、殼牌、中美史克、柯達、肯德基速食、上海大眾、聯合利華、統一食品等。2000年，奧美作為在中國居於領先地位的國際傳播公司，在大陸地區已擁有500餘名員工，營業額比2004年同期增長了25%。

■ 奧美集團的企業文化

今天的奧美在國際廣告業中的地位和光芒已經遠遠勝過當初大衛‧奧格威創立時的光景，作為世界十大傳播公司之一。奧美目前年營業額已達上百億美元，透視其輝煌的業績後面，我們可以看到一隻無形的手，將全球奧美人緊緊的團結在一起，在共同組織目標的旗幟下，與企業同甘共苦，同舟共濟，這就是奧美的企業文化。

什麼是奧美的企業文化？奧美的企業文化是所有奧美人共同的意識和價值認同，它深藏在企業靈魂深處。從奧美全球到奧美中國都體現了相當一致的企業文化軸線，那就是「以人為本」，在奧美內部不斷強調著「人、知識、創造力」。中國奧美集團北京分公司客戶經理Lizhi說：「如果把奧美的各種文化能熔結成一個，就是以人為本，公司的活動，都是以人為中心」。不管是希望員工在公司工作地順利，或是工作生活地愉快，還是希望員工能夠在公司不斷的成長，或希望他們知道自己的優勢劣勢，都是為了個人的發展。總之，如果公司能夠在方方面面為員工著想，那麼員工就能為公司貢獻的更多。中國奧美集團北京分公司人才資源中心總監Joann Quong指出人就是創造力，因此，奧美強調以人為本。從這一項就會發展出很多與人相關的作為，這個行業

跨國人資管理實戰法則

的特點決定了這些人除了必須具備很好的知識，也要有創造力。這是奧美一直在努力的，所有的理念都要朝這個方向走，不斷地給他們很多培訓，使員工有充足的知識發揮創造力，激發員工的創造力。

　　奧美企業文化根植於對個人的尊重，強調人、知識，與創造力，只有不斷地給人很多培訓，使他們有充足的知識發揮創造力，才能激發員工的創造力。「從人的根本出發，人被尊重、被照顧，自然會有好的創造力，有好的作品產生」。奧美公關部高級客戶主任在談到公司企業文化的理念時說道：「奧美的企業文化是‘成為重視品牌的人，做這些品牌的代理商’，工作不是為自己，不是為客戶，不是為公司，而是為品牌，品牌決定公司能否生存和成長。其他公司是在做廣告，我們是在做品牌。和客戶一起來打造品牌，得到客戶的尊重和認可。奧美的企業文化是由下向上的，是大家在工作中，從與客戶打交道的過程所認知和提煉而成的。我們鼓勵開拓、創造的精神。」他還認為符合奧美文化的員工必須是具有頭腦和修養，有獨特想法和自我的要求，還有勇氣和好奇心，能夠讓客戶看到你的作品與眾不同，要有打破的精神和不斷的保持激情，勇於承擔責任並且不安於現狀。奧美副客戶總監Hongyan認為奧美的企業文化本質是強調以人為本，人才是公司最大資產，願意花很大精力去培養人，強調人的重要性

並「努力去做，留住優秀人才」。而只有願意與人溝通，勇於承擔責任，和富有創新性的人才是與奧美文化相契合的。

在奧美，每個人的價值都是受到認可和尊重的。作為企業文化的主體，人只有被尊重才會發揮最大的潛能，而奧美的企業文化就是認同價值並把這種價值觀發揮到最大。事實上，奧美創始人大衛‧奧格威在創立自己的廣告公司就提出「成為珍視品牌的人最重視的代理商」理念，並堅持做「好」的廣告，具有銷售力並且有助於品牌的建立，他矢志建立一個與眾不同的，強大的品牌；一個值得尊重、高品質、有著非凡創造力和才智的品牌；一個可以激發起大眾與客戶強烈的忠誠感、具有一流運作規範的品牌，而這一切歸根到底又必須以人為本，尊重個人的價值。只有堅持以人為本，才能最大激發人的潛能和忠誠度，才能成就品牌的靈魂。企業其所做的一切都圍繞著品牌：致力於為品牌帶出生命、建立品牌、保護品牌，讓品牌不斷地產生利潤，也是全球奧美集團的使命，而這一切都離不開人的智慧和才能。

正是這種精神，形成了今天的奧美文化，造就了奧美的傳奇，奧美從兩個員工成長到躋身全球十大廣告事業集團之一，在100多個國家和地區設立了359個分支機構，並擁有上萬名不同文化背景和富有創意的廣告精英和人才。可以說，奧美的企業文化已經演繹成一種信仰、一種明確的行業奮鬥目標和一種趨勢的

發展歷程，並深入全球奧美人的心中。今天奧美的企業文化的內容也是非常豐富，它包括員工、客戶、工作風格，以及管理決策等各個方面，像奧美 「是一家不可分離的公司；我們作廣告是為了幫助銷售；要用第一流的方法做一流的服務；眼界要高、開拓新途徑、要能超越優秀的對手；我們擁有相當的自由和自主，喜愛知識，重視訓練，喜歡自由的工作風格，努力創造愉快的學習環境，不喜歡冷酷無情的作風；對同仁一視同仁，無論在工作上，還是生活上，互相幫忙，我們更會幫助同仁發揮他們的才智；我們在訓練方面投下可觀的時間和金錢也許比所有的競爭對手都多得多」等等。但是它的核心只有一個，就是以人為本，尊重個人價值。人的質量決定了公司的未來發展和行業的競爭優勢，這也是奧美之所以能成為所有傳播領域中首屈一指的專業精英原因所在。無論是在國內還是在國外，奧美的企業文化真正做到「以人為本」，不以追求利潤為唯一的目標，而是有著超越利潤的社會目標，也就是說，「人的價值高於物的價值」，認為應該尊重人，人的價值應該放在首位，物是第二位的，並提出「成為最珍視品牌的客戶最重視的代理商」的理念。以人為本，體現人的價值為核心的奧美企業文化已經作為一種「無形規則」存在於員工的意識中，不斷地激發奧美人的創造力和工作熱情。

■ 企業文化在全球的建立和傳承

奧美集團非常注重企業文化在全球的建立和傳承，因為它相信企業文化是現在多國企業在全球競爭優勢的核心所在。企業要在快速變化的經營環境及全球化浪潮中保持良好的發展勢頭和競爭力，優秀的企業文化和良好的人力資源管理是重要因素之一。

企業文化在全球範圍內的傳播，可以使企業所有員工共用企業的共同目標、價值觀念，和行為準則，並最終將企業精神內化為自己的價值觀念，通過自身行為表現出來，從而增強企業的凝聚力和價值力。另外，把客戶的權益放在首要的位置也是奧美集團全球的策略核心。客戶是公司最寶貴的財富，奧美企業文化從創業一開始就提出「成為最珍視品牌的客戶的代理商」，因此贏得客戶的尊重和信任對奧美來說都是至關重要的事情，公司的報償是以整個—從買賣到精神，從利益到信譽—贏得客戶和他們的尊敬的長遠目標為指導原則的，而全球許多客戶向不同國家奧美的子公司委託廣告業務，並期望能在任何一個子公司獲得像在母公司一樣高水準的服務，所以這就要求無論設於何地的子公司都有同一企業文化，只有這樣，客戶在全球才能獲得一流的標準化的服務。因此，奧美企業文化在全球的建立和傳播對公司跨國經營管理具有極其重要的意義。

跨國人資管理實戰法則

■ 母公司文化傳輸至海外子公司的適應與修正

　　奧美集團「以人為本」的企業文化進入中國大陸之後依然維持相同理念，而中國奧美的員工在接受這樣的價值理念的過程並沒有太大的融合與適應的問題，在員工的認知上，他們相當傾向認同奧美的企業文化，但是他們注意到公司管理層用了許多本地化的方法或做法來體現文化的核心價值。客戶部總監李志說：「我不認為奧美已經融入了北京的文化。奧美還是奧美，他還是有自己的文化」。客戶部副總監陳默說：「調整可能更大程度上是使得在中國是可行的」。如果在全球都採取一種模式的話，可能在執行的過程中會遇到障礙。如果大家認識到這一點：理念一樣，發揚這個理念的時候具體方式有差異性，這種理念就能更好的被執行。人才資源中心總監Joanne說：「基本上沒衝突，我想不論在哪裡，這都是大家都想追求的，而奧美營造了這種環境。」雖然奧美集團是一個以紐約為母公司的全球化企業，帶有美國積極進取的企業文化，但是在開放政策後的中國，導入過程中並沒有進行太大的調適。

6-2

奧美集團企業在中國的文化傳輸模式

Chapter 6

企業文化傳承的模式是一個複雜、系統的過程，它包括對母公司企業文化的學習，增強對其企業文化的認識和理解，並建立起對文化認同，使得當地員工將自己的思想和行動與企業的經營管理結合起來，以保證母公司企業文化在全球子公司的建立和傳承。具體來說，企業文化分別透過甄選、新進員工輔導、訓練與發展、績效評估、職涯發展，以及薪酬與獎勵等一整套人力資源管理體系，將母公司的企業文化內化為員工自覺的行為進行傳輸的。而據調查表明，在眾多的跨國廣告公司中，奧美廣告是第一家提出「國際企業中最本地化和本地企業中最國際化的企業」，較為成功地將其母公司的企業文化傳輸到中國大陸。接下來我們來看一下奧美母公司文化是如何植入到其在中國大陸的子公司，並使其在中國大陸生根和發芽。

■ 招聘與培養符合文化價值的人才

　　像奧美的企業文化強調的是以人為本，在結合廣告行業相

關特點的基礎上，它在招聘和甄選的實際操作過程中設計出符合自己企業需求的方式進行篩選，通常會做三件事：

1.履歷表中發現是否有與人打交道的能力。

2.面談可以反映其溝通的能力。

3.面試中實景來考察應聘者是否具有好奇心、靈活性、責任心、熱情和勇氣的特質，而那些對工作充滿熱情，有強烈求知欲，能用心深入細節，追求完美，對工作充滿熱忱，並能感染身邊的人共同向前，並具備坦白直率，有決斷力，敢於承擔，有相互合作精神，能理解照顧別人的需求，也能清楚地溝通自己想法的人正是它所要尋找的稀有人才。

　　通過多種方式進行考察並發現與其文化價值相契合的人，有利於延續和傳承其全球的企業文化，也同時符合奧美的文化宗旨。奧美的業務主管Lizhi在接受採訪時也承認他們在挑選員工時喜歡那些具有為工作瘋狂特質的人，永遠充滿熱情和活力，因為像奧美做廣告這一行業，如果沒有熱情（Passion）的話，是堅持不下去的。而在奧美的員工也通常是一個會學習的員工，因為奧美文化中也有一點：活到老，學到老。不斷的學習才能讓自己進步，才能讓事業有突破。另外，許多奧美高級主管都認為溝通能力、不安於現狀的能力和責任感是奧美員工所必須具備的，也是奧美期待和鼓勵員工所表現出來的，這在一些績效好的員工身上

一定能看到這些特質。

■ 人員甄選

　　奧美企業文化認為人才是真正的資產，雇傭比自己強大的人，才能成為巨人公司，反之則會變成侏儒公司，有才之士尋找的是一項長期發展的事業及愉快的工作環境，而非僅僅是一份工作。奧美非常重視在中國大陸新人的甄選，那些保有傳統美德－如辛勤工作，不眼高手低，有自己看法不隨波逐流，遵守基本工作倫理，早九晚九也不厭倦的人，是奧美所尋找的人才。

　　奧美中國每年到中國大陸各地，對選定大學作校園招聘和對社會進行公開招聘，並對主動投簡歷應徵人員作綜合評估，和目標人才保有持續聯絡，視公司人力需要，進行綜合評審。在甄選人才方面，它非常重視尋找與其企業文化相契合的人才，以便於奧美文化的塑造和傳承，而那些熱愛挑戰，有強烈求知欲與快速學習能力，能為手上複雜的問題能抓住關鍵並找到簡單的解決方法，有良好的判斷力和彈性，能在混亂中打破常規，講求實效，有強烈的責任感，能用心深入細節，追求完美，對工作充滿熱忱，有合作精神，善於與人溝通的人，正是奧美所需要的人才。對目前正在努力工作的奧美人而言，公司相當重視如何塑造充滿挑

跨國人資管理實戰法則

戰、創新和自由的工作氣氛，使員工不僅擁有現在，而且也能預見未來。

■　新進員工輔導

　　奧美集團在中國大陸也秉承「以人為本，尊重個人」的理念。新人在跨進公司的大門就能深切的體會到這一點。奧美像對待自己的家人一樣迎接他們的到來，辦公室裡設置的各種資料能夠幫助新人瞭解奧美的相關資訊及遊戲規則，使他們獲得在奧美的基本生存技能。人力資源中心的成員會為他們講解入職當天的日程安排，介紹相應部門的「關鍵人物」並為他們準備了豐盛的「新人午餐」，同時瞭解團隊的其他成員。對於新進公司的員工，在其入職的前三個月，公司會委派一名沒有直接作業相關的資深成員擔任學長，與之建立積極的工作關係。學長將就企業的文化、企業目標與經營策略為員工提供資訊和見識；指導員工如何在企業內發揮作用；幫助新員工規劃企業內職業發展道路，從而使新員工從中體驗員工之間共同發展的團隊氛圍和文化。另外，奧美中國非常注重對新人的培訓，這是對奧美企業文化的傳播和灌輸的途徑之一，新進的員工除了可以通過不同的培訓瞭解奧美集團不同部門的運作內容、方式及特點，可以更積極的瞭解公司深信

不疑的價值信仰及文化，並將它們付諸於行動。

■ 訓練和發展

奧美企業文化非常重視知識的力量，重視訓練，「我們喜歡知識所顯示的記錄，不喜歡無知所造成的混亂，我們追求知識，跟動物尋求愛吃的飼料一樣」，並努力創造愉快的學習環境，因此，它在訓練方面投下可觀的時間和金錢也許比所有的競爭對手都多得多。

培訓是奧美文化的重要內容，也是奧美受同業崇仰的原因之一。大中國區董事長宋秩銘提到「我們的資深主管就是寫了很多關於管理上專業上的理念經驗的東西，然後變成培訓教材。全球化過程中很重視培訓。奧美做得最具體。不能有人說我沒空不培訓，培訓是必須配合的事情。」宋秩銘董事長在訪談中說到：「很早他們就知道很多理念的東西不能單憑口傳心授，因為長此以往，核心理念漸漸模糊消失，所以在早期的臺灣奧美，資深主管們便把書面化當成重要的工作之一，他們不斷地把管理經驗和專業準則在公司內部刊物發表，定期舉辦小型研討及培訓，使得企業文化得以有效傳承，現在這樣的習慣也被帶到中國來，書面化和重視培訓成為傳承文化的核心活動。」

跨國人資管理實戰法則

在奧美，培訓並不限於新人，它包括工作多年的資深人員，及公司高階主管。奧美培訓大致可分為新人培訓（每季針對新進人員），定期辦公室培訓（各種培訓系列課程），密集培訓（訓練營），海外培訓，不定期培訓（各種專題講演），管理培訓等。奧美在中國大陸專設各大區域培訓中心，獨立規劃及管理培訓系統，且結合各地公司的發展需要，舉辦不同的培訓課程，儘量營造一個學習和共同發展的團隊氛圍和文化。

為彰顯績優員工，以強調和鼓勵內部工作品質的改進，每季奧美內各公司員工自薦或推薦的候選人員中，最終評選出能夠在提升工作品質方面具有表率作用的員工為當季「大紅人」，由集團最高主管授予「大紅人獎」及享有特殊獎勵。為保留優秀人才，鼓勵適才適所，增進員工學習及發揮所長之機會。此外，奧美實施內部轉調制，奧美員工擁有充分自由去表達自己對除本業技能外其他傳播技能之興趣，當員工有意願轉調集團內不同公司和部門，可以透過向奧美人資中心提出申請，由人資中心協助負責，經過充分的溝通及協調後，進入轉調流程。奧美設立該政策的目的，是為了鼓勵員工嘗試新的專業領域，提供更廣更多發展學習機會。

另外，奧美對實習或臨時員工的管理和培養及離職作業管理，也是體現了其人性化的管理。在奧美中國臨時員工或實習學生

也受到如同工作夥伴般的尊重。如規範的合約管理，提供學習的環境，新進當日的報到流程管理，不定期的內部培訓，工作期間平等公平溝通，一對一的激勵，尊重個人發展計畫，及潛力人才的跟蹤培養。奧美對離職作業管理除辦理正常手續外，還會在離職人員提出申請後由人才資源中心人員主動約見面談，在和緩平靜的氣氛中經充分溝通以瞭解離職的真實動機，及對公司提出的中肯建議，彙整作為日後改進作業的參考。奧美建立完整的離職人員資料庫，可以使奧美保持與離職人員的聯繫，創造各種互動機會讓離職人員瞭解公司的動向及傳遞奧美關注個人發展的重視資訊，奧美文化的傳承及強烈的責任感使奧美的主管具有開闊的心胸，以尊重和培養人才為己任，所以在奧美容納有離職後「多次回爐」的員工也是奧美獨特文化的體現。

■ 績效評估

奧美矢志營造一個具有學習與成長能力的組織，它在員工的評估、發展和規劃方面也充分體現了以人為本。奧美在中國大陸建立了３６０度績效評估系統，以對員工的工作績效進行綜合的評估。奧美３６０度績效評估系統主要對基本能力和專業領域能力進行評核，可以有效幫助員工讓自己的個人目標與公司的目標

相結合，依循公正、公平、公開，確保目標，強調溝通的原則，保證評估結果的真實和準確。使公司、主管及員工個人可以定期監察工作的狀況，對已建立的工作表現有回顧及檢討，更能明確未來奮鬥的共有目標，共同制定成長計畫，同時評估提供對等的溝通機會，可以幫助建立員工與公司之間的信任和坦誠的良好溝通氛圍。

■ 管理溝通

奧美企業文化非常注重管理溝通，反對一級吃一級的森嚴的等級制和官僚政治。「我們憎惡企業管理中的無情、冷酷、失去人性的態度與方法。它使企業活動的根本目的異化，從創造文明變成對文明的踐踏」。為了更好地促進公司的發展，加強企業內部的溝通，讓每位員工充分瞭解與公司的管理和發展目標，奧美在中國大陸建立了透明有效的溝通管道，以營造愉快工作環境。

奧美推展「有問必答」的活動，鼓勵員工更關注個人與公司發展目標的一致性，增加員工與公司的溝通管道，讓員工可以在公正而透明的環境中勇於表達自我的意見，全面參與公司的建設。每個人只要對公司或工作有任何建議或意見，都可以隨時將意見反映給奧美人才總監，人才總監會對提問人員姓名作嚴格保密

，並依循奧美的公平、公正管理原則，與公司經營管理層討論後，一一回應問題或建議，若是涉及與團隊相關的，將會作公開回應；若是個人困惑或敏感性話題，則會作個別溝通，且給予適當建議及幫助。

「學長制」也是奧美極有特色的，充分體現了以人為本，尊重個人管理原則的一項制定。為了讓日理萬機的奧美資深人員通過與年輕人的溝通和直接接觸，更快並更有效的瞭解流行趨勢及新鮮資訊，同時也讓年輕奧美人也能夠從資深人員的身上學習到自身所欠缺的經驗。奧美創立了獨特的「學長制」，由奧美高階管理層人員擔任年輕人員的學長，進行輔導，讓資深的奧美管理人員瞭解和參與各種年輕人的流行活動，有更多機會接觸年輕夥伴的生活及興趣愛好。

奧美人才資源中心會視公司發展的需要，會不定期安排不同部門的職級人員，在輕鬆的環境中舉辦各類員工座談會。組織與會者參加各種有趣的團隊活動或互動遊戲，主持相關討論，讓奧美人員能在輕鬆愉快的氣氛中，增強相互的友情，真實的發表個人意見或建議，積極給予改善意見。公司重視員工的意見，適用他們的建議，並落實到實際之處。為了瞭解員工的心聲，讓員工可以有更多的途徑反映個人建議或意見，以使公司管理更符合「以人為本」的目標，奧美的高階主管會不定期與員工餐敘，傾聽

跨國人資管理實戰法則

員工反映意見或建議，同時，這也讓每個奧美員工能有機會與奧美「大師」們直接溝通，得到成功「前輩」的指點和幫助。

■ 薪資福利

奧美確信全體員工的福利事業對於整個公司營運的健全非常重要，也對公司的持續經營有相依關係。為提升員工生活品質，並增進同仁的情誼以及團隊的效能，增加跨公司及部門的溝通機會，奧美在中國大陸設立了以保障和推進全體員工福利為目的的委員會，負責資助創造規劃及辦理員工相關福利，且代表員工參與公司制定與員工相關福利的議案決策，另外還負責規劃及開展各類主題活動，如娛樂活動，健康俱樂部，年度旅遊，主題社團等，以活躍公司氣氛，增強團隊的凝聚力。奧美員工可以享有的福利主要有社會保障福利、公司補充福利、健康保健福利和其他各項福利。

而在辦公環境上，奧美也對員工提供了人性化的關懷，奧美辦公室可以讓人體驗到創意之美，開放而獨特的辦公環境，簡約而別緻的裝修佈置風格，寬敞而獨立的個人工作區域，都增進了員工的愉悅和歸屬感。

奧美福委員會為各團隊活動如運動會、奧格威紀念日或為慶祝佳節，製作具有奧美特色和奧美獨特標識，美觀實用和品質精良的奧美禮品，發給奧美員工。奧美人都以收集、使用奧美專有禮品或紀念品為榮耀。文化傳承最重要的載體是書籍，奧美通過特有的奧美讀物傳遞著奧美的文化。各種譯本的奧美讀物如大衛‧奧格威的名著，已是同業人耳熟能詳的教材，同時奧美一直在堅持發行的《奧美觀點》專刊也成為行業發展的風向指標。奧美為員工提供各種奧美讀物學習資料，要求員工不斷研習。同時，鼓勵員工參與奧美讀物的投稿及編輯，讓每個奧美人都成為文化的傳遞及傳播者。

■ 典範學習（Role Model）

　　在中國奧美文化的形成與傳遞有一項很重要的環節，就是「穩定的高階管理層」，宋秩銘董事長說在過去的幾年裏面中國奧美北京分公司有一群理念相同的高階主管在一起工作，他們在奧美都超過十年的時間，所以文化是在這些主管平日管理工作中點滴累積起來的，如果「沒有實踐的操作，理念是空的」。奧美的員工看到主管作決策背後對奧美理念與原則的堅持，深刻的明白奧美的經營理念不是掛在牆上的口號。這樣的經歷對員工有很大

跨國人資管理實戰法則

台灣跨國企業文化移植策略

的影響力，員工會相信並且嘗試著用相同的想法後態度去做事情。這樣的觀點在員工的訪談得到一定程度的支持。

中國奧美北京分公司客戶服務部副總監陳默，提到文化有效的傳承中說到：「我覺得最有效的是人帶人的過程。每個過程都會有一個老闆，他會產生很大影響」，客戶服務部總監也談到：「進奧美廣告時，兩個老闆，一個北京人，一個香港人，以他們作為榜樣，對我影響很深。我現在的很多行為方式對奧美的理解都會從他們學來的。如果他們的能力沒有這麼強，如果他們的LEADERSHIP（領導力）沒這麼強的話，雖然他們身上也有奧美文化，但是如果他們做人不好的話，也是不會被認可的。」

在中國奧美的經驗裡，雖然文化的核心理念是一致的，但是因為領導者的管理風格不同所產生的影響也不同， 因此如果以人為文化傳遞的載體，挑選外派主管便格外重要了，因為對員工而言，企業裏的領導者或直屬主管是很重要的學習典範，他們的決策行為、工作態度、待人接物等都在在傳遞著企業的價值與理念，從而成為員工仿效的學習典範。

中國奧美人力資源中心總監的說明成為最佳的注解，她說：「上個月全球總裁來這裏，事實上她也被奧格威（Ogilvy）影響的很厲害。她的演講辭裡面不斷地提到奧格威（Ogilvy）告訴她什

麼，交給她什麼。比如說她懷孕六個月時碰到奧格威，奧格威問她：「你還好嗎？」她說：「還好」。之後從她懷孕八個月到生產，幾乎每天奧格威都會親自到她的位置上問候她：「你還好嗎？」。這個過程對她來講都是很真的感受。在奧格威的追悼會上她講了這個故事，並錄下來放給其他員工看。」奧格威清楚地用他的行為傳遞了以人為本的企業理念，資深的奧美人不斷地傳頌著，並且仿效著奧格威，用行為傳遞奧美的文化。

跨國人資管理實戰法則

中文參考資料

▶ 于卓民,「國際企業環境與管理」,台北:華泰文化事業公司,2000。

▶ 王健,「跨國公司本土化淺析」,對外經濟貿易大學學報,2003年第3期,頁 18-20。

▶ 加里‧德斯勒,「人力資源管理」,第六版,北京:中國人民大學出版社,2000。

▶ 吳先明,「跨國公司當地化:動因,特徵與影響」,經濟理論與經濟管理2003年,第2期,頁42-47。

▶ 吳成豐,「中國台商全球企業理論之初探」,管理科學,第16卷第1期,2003年2月。

▶ 宋小敏,「美國在華國際企業當地化問題研究」,機械管理與開發,第二期(總第58期) 2000年5月,頁10-12。

▶ 李宗紅,朱洙,「企業文化:勝敵於無形」,北京:中國紡織出版社,2003。

▶ 李喻軍 吳桐,「本土化,任何一家國際企業都不能回避的"坎" 訪西門子家電集團中國區域總裁博法蘭」,南方經濟,2001年第5期,頁 12-18。

▶ 彼得‧聖吉,郭進隆譯,「第五項修煉」,上海:上海三聯書店,1994。

▶ 林平凡,詹向明等著,「企業文化創新-21世紀企業競爭戰略與策略」,廣州:中山大學出版社,2002。

▶ 林國建編著,「現代企業文化的理論和實踐」,哈爾濱:哈爾濱工程大學出版社,2004。

▶ 林華，「甲骨文在中國」，企業與研究，2002年 7 月，頁14-17。

▶ 胡永銓，「外資零售企業在中國的經營戰略探析」，經濟與管理研究，
2002年，第2期，頁71-73。

▶ 馬光秋，「對跨國公司本土化趨勢的分析」，中國煤炭經濟學院學報，第
16卷第1期 ，2003年3月，頁31-48。

▶ 張仁德，霍洪喜，「企業文化概論」，天津：南開大學出版社，2001。

▶ 張正忠 韓迎紅，「人力資源的戰略選擇」，Price and Market， 2003年3
月。

▶ 張鵬，「身邊的戰爭 --- 跨國公司在中國」，IT經理世界，2000年1月，頁
32-34。

▶ 梁紹川，「企業文化與管理方式」，廣州：暨南大學出版社，2003。

▶ 許麗卿，「人力資源系統若完整 外商在中國較易成功」，聯合早報，
2000年2月14日，12版。

▶ 郭建平、鄭勝會，「跨國企業的企業文化特徵」，天津商學院學報， 第23
卷第2期， 2003年3月，頁34-37。

▶ 普哈拉等著；李芳齡譯，「企業策略 終結企業帝國主義」，臺北：天下遠
見，2001。

▶ 舒瑗，「北歐在滬企業調查報告(二) 兼論外資企業運作的幾個問題」，復
旦大學調查研究，2000年。

▶ 鄒衛東，聶軼，「沃爾瑪－美國造」，廣州：廣東旅遊出版社，2002。

▶ 楠林，「全球化意味著什麼 跨國零售業沃爾瑪超高速發展的啟示」，中外
管理學報，2001年第2期。

▶ 廖勇凱，「多國企業在滬子公司戰略性國際人力資源管理模型建構與實證

研究」，上海復旦大學未出版博士論文，2005年。

▶ 廖勇凱，「國際人力資源管理」，臺北：智勝出版社，2005年。

▶ 劉冬銀，「全球化背景下跨國公司本土化的動因及其對我國經濟發展的作用分析」，科技進步與對策，2002年12月，頁127-128。

▶ 蔣懷明，「外商進入中國零售業影響分析及對策」，北方經貿，2002年2期。

▶ 邁克爾.茨威爾著，「創造基於能力的企業文化」，北京：華夏出版社，2002。

▶ 韓睿 田志龍，「聯合利華的全球化與本土化」，Economic Management，2003年5月。

▶ 嚴文華等編著，「跨文化企業管理心理學」，大連：東北財經大學出版社，2000。

英文參考資料

▶ Adair, J.，Effective Teambuilding，England：Grower Publishing Hants，1986

▶ Albert, Michael, <u>Cultural Development Through Human Resource Systems Integration</u>, Training and Development Journal, September 1985, pp. 76-81

▶ Barney, Jay B. <u>Firm Resources and Sustained Competitive Advantage</u>, Journal of Management, 17(1), 1991, pp.99 –120

▶ Bartlett, Christopher and Ghoshhal, Sumantra, <u>Managing Across Borders:The Transnational Solution,</u> Boston, MA,: Harvard Business Press, 2002.

▶ Chan, Andrew and Clegg, <u>Stewart, History, Culture and Organization Studies</u>, Culture and Organization, 2002, Vol,8(4), pp.259-273

▶ Gamble, Jos, <u>Localizing management in foreign-invested enterprises in China: practical, cultural, and strategic perspectives</u>, The International Journal of Human Resource Management, October 2000, pp.883-903.

▶ Govindarajan, V. and Gupta, A. K.，Building an Effective Global Business Team，MIT Sloan Management Review，vol. 42，no. 4，2001，p.63-71

▶ Hamel, Gary and Prahalad, C. K., <u>Competing for the Future</u>, Harvard

Business Review, Vol. 72, 1984, pp.122 – 128.

▸ Hetrick, Susan, Transferring HR ideas and practices: globalization and convergence in Poland, Human Resource Development International, HRDI 5:3(2002), pp.333-357.

▸ Janssens, Maddy, Developing a Culturally Synergistic Approach to International Human Resource Management, Journal of World Business, Vol. 36, pp.429-450.

▸ Kedia, Ben L. and Mukherji, Ananda, Golbal Managers: Developing A Mindset for Global competitiveness, Journal of World Business,/34(3) / 1999, pp.230-251.

▸ Levitt, T., The Globalization of Markets, Harvard Business Review, (May-June 1983), pp.92-102.

▸ Lu, Yuan, and Bjorkman Ingmar, HRM practices in China-Western joint ventures: MNC standardization versus localization, The International Journal of Human Resource Management October 1997, pp.614-627.

▸ Pfeffer, J., Competitive Advantage Trough People: Unleashing the Power of the Work Force, Boston, MA: Harvard Business Press, 1994.

▸ Prahalad, C. K. and Doz, Y. L. The Multinational Mission—Balancing Local Demands and Global Vision, New York:The Free Press, 1987.

▸ Rhinesmith, Stephen H., Going Global From The Inside Out, Training & Development, November 1991, pp.42-47.

▸ Schneider, S.. National VS Corporate Culture:Implications for Human Resource Management,Human Resource Management, (1988)Vol. 27,No. 2

▶ Scott, W.R., <u>Institutions and Organizations</u>, Thousand Oaks, CA: Sage, 1995.

▶ Selmer, Jan, and Leon, Corinna T. de, <u>Parent cultural control of foreign subsidiaries through organizational acculturation: a longitudinal tudy</u>, The International Journal of Human Resource Management, 13:8, December 2002, pp.1147-1165

▶ Snell, Scott A., Snow, Charles C., Davison, Sue Canney & Hambrick, Donald C. ，1998，<u>Designing & Supporting Transitional Teams: The Human Resource Agenda</u>，Human Resource Management，vol. 37，no. 2，p.147-158

▶ Taylor, Robert; Cho, Yong-doo and Hyun, Jae-Hoon, <u>Korean Companies in China: Strategies in the Localization of Management</u>, Managing Korean Business, 2002, pp.161-181.

▶ Ulrich, Dave and Lake, Dale, <u>Organizational capability: Competing from the inside out</u>, New Your: Wiley, 1990.

▶ Wackins, John, <u>HR Stages for The Localization Launch Pad</u>, Employee Benefit News, October 2003, pp.39-63.

▶ Wellins, Rich and Rioux, Sheila, <u>The Growing Pains of Globalizing HR</u>, Training & Development, May 2000, pp.79-85.

▶ Wong, Chi-Sum; Law, Kenneth S., <u>Managing Localization of Human / resources in the PRC: A Practical Model</u>, Journal of world Business,/ 34(1) / 1999, pp.26-40.

▶ Yip, G. S., <u>Global Strategy—in a World of Nations?</u>, Sloan Management Review, Fall 1989 , pp.24-41.

NOTE

國家圖書館出版品預行編目資料

跨國人資管理實戰法則 : 台灣跨國企業文化移植策略

廖勇凱 譚志澄著. - -

初版. - - 臺北市 : 汎果國際文化,2006〔民95〕

面 ; 公分. - - (人力資源管理實務 :4)

參考書目:面

ISBN 986-82128-2-0(平裝)

1. 國際企業 - 管理 2. 人力資源 - 管理

494 95006895

跨國人資管理實戰法則

廖勇凱
譚志澄 著

發行人 / 蔡宗志

發行地址 / 台北市106大安區和平東路二段295號10樓

出版 / 汎果國際文化事業有限公司

編輯、校對 / 廖勇凱、譚志澄、林嘉惠

設計 / 陳雅欣

電話 / (02)2701-4149(代表號)

傳真 / (02)2701-2004

總經銷 / 彩舍國際通路www.silkbook.com新絲路網路書店

地址 / 台北縣中和市建一路89號5樓、6樓

電話 / (02)2226-7768(代表號)

傳真 / (02)8226-7496

2006年04月初版一刷

書籍 原價$ 320 元
特價$ 260 元
(加贈13張表格光碟)

沉果文化